Béton et deoration

好想住工业风的家

清水混凝土的使用与搭配

[法]伊莎贝尔·邦泰　著
陈　阳　译
[法]埃里克·蒂里　摄影

江苏凤凰科学技术出版社

前 言

PREFACE

混凝土的世纪演化

自古以来，人类就在不断寻找一种坚固耐用的材料，可以使用它创作永恒的雕塑作品，或者建造防御敌人进攻和抵挡狂风暴雨的建筑。最初，人们将以石灰为基础的灰泥密封在岩石之间，后来罗马人则将石灰、火山灰和水混合并在其中加入小石子，这种高效的流质膏状物被称为"灰泥"。如今我们看到意大利的水道桥、万神殿、古罗马斗兽场等规模巨大的古迹，以及埃及、玛雅和中国等其他文化地区的建筑物都是由灰泥建成的。如果这项技艺在中世纪不幸失传，那就要等到几个世纪之后，人们才能重新发现这种材料。

由于 19 世纪的一连串的创新，如今我们所知的混凝土才得以问世。1818 年，工程师路易·维卡（Louis Vicat）发表了液压黏合剂的研究结果，从此奠定了水泥在工业生产中的基础性地位。1848 年，约瑟夫·路易斯·兰伯特（Joseph-Louis Lambot）用铁丝网作为骨架并抹上水泥，制造出一艘小船。不过，钢筋混凝土的发明还是要归功为园丁约瑟夫·莫尼尔（Joseph Monier），1867 年他申请了用铁材和水泥制作花槽的专利。1892 年，实业家弗朗索瓦·埃纳比克（François Hennebique）在巴黎的丹顿街一号建起了第一栋以钢筋混凝土为基底的建筑。自此之后，建筑师和工程师继续提高混凝土的使用技巧，打造出前所未见的具有新颖形式的建筑物。

进入 20 世纪后，现代建筑师预见了混凝土的潜力，许多人开始在各种地方使用这种材料。在法国，奥古斯特·贝瑞（Auguste Perret，作品有勒阿弗尔城的重建、法国国家家具设计中心等）、勒·柯布西耶（Le Corbusier，作品有萨伏伊别墅、郎香教堂等）和贝纳尔德·泽夫斯 [Bernard Zehrfuss，作品有法国拉德芳斯的法国国家工业与技术中心（Centre National des Industries et Techoniques）] 让混凝土材料登上了大雅之堂。与此同时，混凝土拥有多种性能和优点，比如成本低廉和施工迅速。这些让它成为广受欢迎的平民材料，并广泛应用于各种大型建筑案例中。这些二战后如雨后春笋般建成的建筑物不仅推动了 20 世纪 60 年代法国国家发展的一大步，还使成千上万的法国人开始懂得享受生活。然而势头强劲的混凝土材料难免引致他人的滥用、偷工减料等社会问题，使这种材料慢慢蒙上恶名，继而其风头渐渐消退。

在 20 世纪 70 年代末期的美国和 20 世纪 80 年代的法国，厂房被翻修成居住区，使大众重燃了对混凝土的兴趣，其价格经济实惠是主要的因素。因为除了卧室和浴室之外，建筑物隔间少，地板也维持原貌，因此翻新如此宽敞的空间又想要花费不多，就只有使用混凝土这种价格低廉的材料。崭露头角的工业风让人以全新的眼光看待混凝土。这种日常应用的材料先是凭借坚固耐用的特性而备受赞赏，之后更以外观和质感而迅速走红。混凝土不但可以打造均匀美丽的地面，而且可以烘托家具的特色，同时散发出强烈的矿物韵味。混凝土自此吸引了无数专业人士与非专业人士的热情，也成为室内建筑师、装修师、设计师和艺术家汲取灵感的新来源。

时至今日，混凝土通过众多领域的考验成为了合格的建材，也成为了在室内装修与装饰领域拥有一席之地的素材，只要有环境需要就有它的存在……这种材料目前已经成为现代家居中不可或缺的元素，通过别出心裁的外表、切合主题的提案、独具特色的室内与室外家具、缤纷多彩的色系以及与众不同的表面效果，助力我们打造出充满个性的家。深厚的潜力与变化多端的外观让混凝土无论搭配何种风格都能与之相得益彰。

既然如此，何不让自己臣服于混凝土饰面性感细腻的"诱惑"，体会它令人惊艳的轻盈灵巧，拜倒在它无穷的装修与装饰的可能性之下，与潮流同步，与未来同步！

作者

目 录
CONTENTS

用混凝土浇筑而成的楼梯边装设了木头质感的边条，瞬间提升质感。

第一章
混凝土的材料与种类

混凝土元素

特殊混凝土

新型混凝土

色彩和材料

混凝土元素

骨料、黏合剂和水可以说是混凝土的基本三元素，三者通过精确比例配合，硬化成居家空间所需的素材，除了天、地、壁，还能浇筑出各式各样的造型，如家具、花器、饰物……此外颜料与色素还能为灰色系的混凝土增添不同风貌。在施工的过程中，也可以根据需求添加助剂。无论是助凝剂、缓凝剂还是防水剂，这些材料都能辅助混凝土顺利成型并对其加以维护。

现在的混凝土既是建筑材料又是装修素材，在现代住宅装修中逐渐占据了重要的地位。

普通混凝土由三种主要元素构成：骨料（即石子和砂）、黏合剂和水，混合后需要一段时间（通常是几个小时）才能硬化。这些原料配比比例的精准（又称为混凝土的配方）十分重要，因为它们的质量会影响最后的成果。原料的温度（例如所处环境的温度或自身产生热量增加的温度）同样处于不容忽视的地位。

混凝土在操作时具有极高的可塑性，它就像液态的岩石，能够浇筑成各式各样精巧繁复的形状。制作时可于水中加入不同的添加剂和处理剂，就可以通过它们改变混凝土的应用和性质，例如使用颜料与色素染色来达到审美要求。有些混凝土也会掺入纤维（玻璃纤维、金属纤维、织物碎片纤维……）以进一步强化技术特性。

水泥

为粉状水硬性无机胶凝材料。加水搅拌后成浆体，能在空气中硬化，或者在水中硬化效果更好，并能把砂、石等材料牢固地胶结在一起。成型之后即会维持固态，即使再度遇水也不会溶解。

● 波特兰水泥（硅酸盐水泥）——常用于普通混凝土的黏合剂。制作时，将石灰石和高岭土以 1 450 ℃加热，混合物在烧制之后产生一个个小球型的熟料，将其磨细，即可制成水硬性胶凝材料，凝固时间约需几小时。

● 白水泥（白色硅酸盐水泥）——一种非金属氧化物的波特兰水泥。以适当成分的生料烧至部分熔融，所得以硅酸钙为主要成分。后在铁质含量少的熟料中加入适量的石膏，磨细即可制成白色水硬性胶凝材料。 磨制熟料时，允许加入不超过熟料重量 5% 的石灰石。 白水泥多为装饰性用途，而且它的制造工艺比普通水泥要复杂很多，主要用来勾白瓷片的缝隙，也是巧妙搭配木材或石材等其他材料的理想选择（例如用于花园小径）。

●快干水泥——一种用900℃高温烧制石灰脉石后产生的天然水泥。由于能够快速凝固（10~20分钟），所以通常用来浇牢杆柱、固定墙上的悬挂件或制作艺术品模型。

●高铝水泥——专业名称为铝酸盐水泥，是以铝酸钙为基本材料的预拌水泥。由于其凝固时间短，而且耐磨损、耐高温以及耐化学产品的侵蚀，因此可以用作耐火混凝土和灰泥的原料，尤其适合制作壁炉和烤肉架。

水的作用和温度

● 制作混凝土时使用的水（称为拌和水）必须去除所有杂质，以避免妨碍骨料的结合。添加水时务必谨慎，用水过多会降低混凝土的坚固耐用程度。

● 混凝土能否制作成功，水的温度是至关重要的，温度太高（25℃以上）凝结的速度会加快，快速的凝结容易因为材料干燥而产生裂痕。反之，如果温度过低（5℃以下）则会妨碍混凝土正常凝固（0℃时甚至可能会结冰）。在以上两种情况下，我们可以添加不同的助剂（速凝剂、缓凝剂或防冻剂等）来遏止负面的作用。当然也要视情况升高或降低原材料本身的温度。

通过对骨料的选择和表面的处理，我们可以将混凝土应用自如，给它换上缤纷的色彩或质感多元的新装。

混凝土在制作的过程中会加入各种各样的助剂，从而改善其本身的性能并且获得更多特性。

骨料

骨料是在混凝土中起骨架或填充作用的粒状松散材料。在拌料时，水泥经水搅拌呈稀糊状，如果不加骨料的话它将无法成型，无法成型就将导致后续无法使用，所以说骨料是建筑中十分重要的原料。按照颗粒大小，骨料可以来自天然碎石、砂子或是特殊的骨料。最细的骨料称为填缝料，无论其源自哪里，必须要非常纯净（千万不要在轧碎时混入泥土或灰尘），以免削弱水泥对它的黏合力。

●天然骨料——采集大自然产生的砂砾石，经筛选分级后制成的混凝土骨料，包括材质为矿物的细砾石和砂子。若是经过侵蚀的冲积物，就会较为圆滑（又称卵石骨料）；若是在采石场轧碎的产物，形状就会较为棱角分明。

●人工骨料——以采用爆破等方法开采的岩石作为原料，经过破碎、碾磨、筛分而成的混凝土骨料。人工骨料是工业碎料的残渣，耐火而且能够加强混凝土的耐磨损性。由于人工骨料可以大幅取代天然挖采的骨料，因此有利于保护天然材料资源。

●轻骨料——是制作结构混凝土和绝缘混凝土的材料，可能源自天然或人工。轻骨料分为天然轻骨料（浮石、火山渣）、工业废料（粉煤灰陶粒、膨胀矿渣珠）、人造轻骨料（页岩陶粒、黏土陶粒、膨胀珍珠岩）。

●超轻骨料——可以源自植物、有机物或矿物（树木、软木、麻纤维、聚苯乙烯、蛭石）。虽然不宜应用于建构，但却适合制作绝缘混凝土和轻巧的预制构件（块件、板件等）。

助剂

此外，有些产品能够给予混凝土特殊的性质或改变其质量，这样的产品我们称之为助剂。

● 助凝剂和硬化剂——助凝剂可用于调节或改善混凝土的条件，硬化剂能使高聚物分子间产生交联的物质。金铸液态硬化剂是最新一代渗透性硬化剂材料，含特选高活性氟钛物，是环保无色的透明液体（无味、无毒、不燃）。该特选硬化剂，能够渗入混凝土表层以下 1～3 毫米，固化混凝土成分使其成为坚密实体，令混凝土永久地硬化，达到强化及密封效果。助凝剂和硬化剂都能够强化混凝土的耐受性并减少凝固所需的时间，因此能够缩短施工天数。

●缓凝剂——一种能够降低水泥或石膏水化速度和水化热、延长凝结时间的添加剂。必须在高温下进行混凝土施工时才使用缓凝剂，通过延长凝固时间，让材料中的气泡浮出表面，避免因过度快速干燥而出现裂痕。

●塑化剂和减水剂——自平混凝土与自充填混凝土配方中的一部分（见第30页），以合成聚合物为主要成分，能够增加混凝土的液化度，从而改善施工的便利性、凝固时间甚至均匀度，同时还可以减少必要的用水量。

●防水剂——加在水泥中，当其凝结硬化时，随着其体积膨胀，起补偿收缩、张拉钢筋产生预应力以及充分填充水泥间隙的作用。能够防止混凝土被水渗透，通常是在施工或进行表面处理时添加，对于经常接触水的混凝土（如室外地板、游泳池或潮湿空间）不可或缺。

混凝土使用的具体状况

● 拌和——混凝土可以在工厂预制成各种组合式构件（板件、砖块、管线等），或是在水泥厂制作成液体形式，经由混凝土搅拌车运送至工地（也称预拌混凝土或BPE混凝土模型）。如果是普通混凝土，而且用量不多，也可以使用混凝土搅拌机或搅拌车直接在工地制作，称为工地拌和混凝土。

● 浇筑——液态的混凝土会用来喷射墙面或是直接倒在模板（木头或金属制的可拆卸的模型架子）上面。在水平地面或其他表面时会借助特殊工具（例如整平尺、手动或机械抹泥板）涂抹，用滚轮压实。

● 振动——采用振动棒、振动尺或混凝土抹平机来振动混凝土。这个作业能够使困在材料中的气泡浮出表面，确保混凝土在模板中均匀摊平。均匀的混凝土不但更加坚固，而且更为美观。值得一提的是，新式混凝土会掺入特殊助剂，无须进行此步骤。

● 表面修整——使表面光滑平整，同时强化混凝土表层的耐抗度。这些工作可以通过手动或机械抹泥板或旋转式上浆机进行。

● 关于添加灰泥——使用大量灰泥时，会用预拌车搅拌砂子、胶结料（胶凝材料）和水。如果灰泥用量较小，在大桶中使用小型搅拌机即可，即使加入颜料，也能搅拌均匀。若是施用于小面积或局部修补（如接缝、填洞），镘刀是最适合的工具。此外，DIY商店现在都可以提供即用型灰泥。

这个大容量的矿物感浴缸"外衣"细致纤薄，是由高性能的纤维混凝土打造而成的。

特殊混凝土

特殊混凝土指的是在原料中掺入特殊成分，或针对特定需求预铸成不同形状的混凝土，如采用轻骨料制成的轻质混凝土、耐冲击的纤维强化混凝土以及由耐火骨料和铝酸钙水泥制作的耐火混凝土等，可用于居家装饰、家具模铸和耐高温的壁炉打造。此类特殊混凝土不仅可以塑造各种造型，而且具有多功能的实用性，还能避免普通混凝土造成的楼板承重过度的问题。

用于建构的混凝土称为"结构混凝土"（Stmcturels），用于装修与装饰的称为"结尾工程混凝土"（Second Oeuvre）。按照技术特性和衍生应用的不同，混凝土大致分为以下两类：

●普通混凝土——常用于建构的混凝土，可以浇筑在金属骨架上（如钢筋），以增加其强度作为加固。

●特殊混凝土——在混凝土中掺入特殊成分，或针对特殊需求而预铸成不同的形状。

轻质混凝土

轻质混凝土采用轻骨料制作而成，因其轻巧的特性，理所当然地在建筑、翻修以及家具与物品制作等应用中占有绝对优势。原始楼板会因为年代久远而变得脆弱，由于用轻质混凝土铺置的找平层比普通混凝土的重量轻，可避免其负载过重。同时，轻质混凝土也是良好的隔热与隔声绝缘体。

轻质混凝土当中包括蜂窝状混凝土。其做法是将膨胀剂加入混凝土中，通过许多小气泡让整团实体物质出现气孔，并以预制形式在工厂中制作出各种尺寸与厚度的构件（甚至也可以做成空心砖）。它们经常用于建构、翻修和室内装修。轻质混凝土具有坚固、可延展（可承受一定程度的变形而不会破裂）、防水、不可燃以及轻巧的特性，可施用于各个楼层，而且蜂巢状构造使其拥有隔热和隔声的特性，所以无须另外覆加保护层。此外，此类构件只需一层薄薄的灰泥即可成型，比起浇筑水泥的工地更为整洁。为了保持这种可呼吸的特性，应遵守制造商的使用说明并且慎选所用的涂料（如石膏砂浆、石灰灰泥，或使用特殊黏胶固定的 Placoplatre® 石膏板，以颜料染色的砂浆和灰泥既可作为表面层，也可作为装饰层）。

此外，以天然原物料（石灰、砂子和水）制作的蜂窝状混凝土是一种易于回收的材料。

▼这座壁炉的炉膛和轧型槽壁炉台，采用一体成型的设计，色调也完全一致。

混凝土耐受不同的温度，所以这个镶嵌在玻璃墙面的壁炉能够紧密连接室内与室外空间。同时，炉膛部分用防火砖加强。

耐火混凝土

耐火混凝土由耐火骨料和铝酸钙水泥组成，具有耐磨损、抗撞击、耐腐蚀和耐高温（可达 1 800 ℃ ）的特性。运用这种类型的混凝土，配备高炉的冶金工业，通过它们的优异性能可以不断地取得改良的成果，让企业或个人受益良多。耐高温的特性使得耐火混凝土特别适合建造或翻新壁炉、烤肉台和烤面包炉。这种迅速凝固的优点也使它们可以作为封砌的混凝土，用来修补以上所述的局部结构。

耐火混凝土的制作方式与其他混凝土相同，可以预先染色、以模具制造纹理，或是浇筑在定制模板中铸成各式各样的形状。如果壁炉具备壁炉台和承重大的炉膛，则可以加上钢筋或钢纤维以确保结构的稳固性。

注意：不论成品是在工厂预先制作再于现场组装，或是全部在现场完成，最好都雇请专业人士进行监督。另外，就耐火混凝土的技术性而言，炉膛是必须使用这种材料的部位，而炉膛四周则不一定使用该材料。

纤维增强混凝土

纤维增强混凝土（bétons renforcés de fibres，BRF）是以水泥浆、砂浆或混凝土为基材，将玻璃、布料等合成纤维或超细金属纤维（直径约 1 毫米）作为增强材料，均匀地掺和在混凝土中而形成的普通混凝土。纤维增强混凝土主要用于装饰性混凝土，强化混凝土则用于建构。纤维具有众多优点，比如，可强化混凝土的机械抗力，使其能承受较强的冲击。纤维的格状结构可以"缝接"表面，避免混凝土在干燥过程中出现裂痕，因此纤维增强混凝土适用于地板的浇筑，也适用于浇筑在模板中。

此外，纤维的存在可以大幅度减少制作混凝土所需的黏合剂和骨料量，降低成品的整体重量，而且丝毫无损强度，所以能够制作出更具空气感的形体，虽然不厚却极度耐用。这种轻盈感源于细致的骨料，使得纤维混凝土特别适用于模铸家具或对于精准度要求较高的混凝土制品。

以超高性能纤维混凝土为例，其本体中包含的金属纤维能够免除在浇筑之前加入金属支架的必要性，所以成品整体较轻，并可省去铺设支架的时间，进而缩短施工期。纤维也能掺入隔板的粉刷或装饰性的灰泥中起到保护层的作用。

注意：此类型混凝土必须经过振动才能满足纤维分布均匀的要求，同时保证整体的均质性，例如纤维增强混凝土的机械抗性和外表匀称度。

这座壁炉的壁炉台外观呈"鳕鱼皮"纹理，用高质量的预染色混凝土制作而成。

◀这间浴室位于二层以上的楼层，使用轻盈的蜂窝状混凝土来制作隔间与做装饰，以免楼板负荷过重。具有同样性质的彩色防水灰泥，不但可以防潮、防湿，还能营造出和谐的整体美感。

▶沉稳色调的染色混凝土墙面让起居空间富有活力，但又不显得过于花哨。

膨胀接缝——避免混凝土龟裂

为了让接合处不显得突兀，膨胀接缝采用与混凝土搭配的色调。

● 大面积的混凝土（例如墙壁或地面）有变形之处，可能会出现龟裂，使用纤维混凝土能够减少这种风险。

● 无论使用哪种类型的混凝土，建议在四周预留膨胀接缝。这种厚度的塑料泡沫接缝能够从干燥的板砖边缘裁切下来。

● 如果是普通混凝土，而且面积超过 25 平方米，就必须加设中间接缝。采用具有美感的方式设置这些接缝，或许就能将技术上的限制转变为无限妙趣。市面上有各种不同颜色和材质的接缝，例如木质、PVC 塑料、金属、橡胶等，可供你选出最接近混凝土的色调。

● 你也可以利用这个"空隙"，以不同颜色制作衔接混凝土。所谓衔接混凝土是由于第一次浇置的混凝土不足以覆盖整个表面，所以另外浇置一层新的混凝土以补其不足之处。这个作业必须快速进行，才能与先前浇置的新鲜混凝土混合。如果在做完膨胀接缝之后再浇置衔接混凝土，就可以较慢进行并使用其他颜色的混凝土。

阳台上安装的这面镂空隔墙，以轻透手法构筑空间。

新型混凝土

近年来，混凝土经过改良变得更为先进，比如掺加了塑化剂或超塑化剂的混凝土、用于地板与模板的自充填与自平混凝土，它们能使成品制作更为精确，还能大幅缩短施工时间。另外，高性能混凝土比普通混凝土具有更细密的质地、更强的流动性与耐受性，可与模板紧密贴合，真实地重现图案原貌。与此同时，利用助剂的强化性能，高性能灰泥可用于潮湿处，并几乎可附着在任何基材上。目前，最具有创新性的混凝土产品可以说是超高性能纤维混凝土，通过混入金属纤维取代钢筋，其耐受性是普通混凝土的 6 倍。

新一代的混凝土经过研发改良，在施工便利性、强度、耐久性、环保、美感等方面具有一定程度的特殊性能，不仅可以应用于传统建构，还能用来制作一些限量的系列商品，甚至是单行版或量身定制的产品。

自平混凝土与自充填混凝土

自平混凝土（bétons autonivelants，BAN）与自充填混凝土（béton autoplaçants，BAP）是走在时代尖端的产品，彻底颠覆了水泥施工的条件。它们的骨料尺寸经过精密校准，使得材料能够通过自身的重量进行充填；掺添的塑化剂或超塑化剂则有助于液化，凭借流动性的特点可在地面与模板中进行自充填与自平。

此类混凝土的成品均匀精确、覆盖力强，而且不需要经过振动和整平表面等步骤，所以，可以缩短施工时间，并减少施工时造成的困扰（粉尘、噪声等）。

●自平混凝土（BAN）大幅简化了室内和户外的地面、装饰板和修补作业，是大面积铺装的理想材料，可以确保成品的平整匀称。

●自充填混凝土（BAP）在拆模之后能够获得完美无瑕的垂直表面。

其他优点还包括： 可浇筑在单一点上，因此对于进出困难或外形复杂的作业（例如由许多开孔组成的墙面，或各种有碍覆盖的因素，如错综复杂的钢筋）在操作方面更为便捷。

最后，它们的流动性能够确保颜料达到最佳的分布状态，形成色调均匀的效果，创造无穷无尽的变化。

自平混凝土的浇置快速又简便，能够自行均匀铺平，在梁柱与金属楼梯之间形成光滑的地面。

◀这张矮几采用仿鳄鱼皮纹理。虽然尺寸庞大，但由于使用了精巧的板件，使其笨重的体积顿生轻盈之感。

高性能和超高性能混凝土

高性能混凝土（BHP, bétons hautes performances）和超高性能混凝土（BUHP, bétons ultra hautes performances）的配方较为先进（包括来自工业焚化的飞灰），极细骨料能以致密堆积和自我嵌合的形式产生优异的整体密实度，拥有远高于普通混凝土的耐受性。添加超塑化剂可以减少拌和水的用量，降低孔隙率使它们更加经久耐用。此外，也会掺入帮助混凝土加速液化的流化剂，让操作更加简易方便。

高性能混凝土常用于大规模工程，但也适合结尾工程或家具等小型结构。细密的质地和极强的流动性使它们可与浇筑的模板紧密贴合，真实重现图案原貌。无论是护墙板、地面、镂空的装饰性屏风，还是轻巧的家具或与众不同的物品，高性能混凝土和超高性能混凝土的成品都能展现出令人惊艳的精巧感和令人折服的美感。

高性能和超高性能灰泥也是这种技术演进的产物，通过助剂强化性能，就算应用在潮湿处也没问题，几乎可以附着于任何基材上。它们的机械性能使其具有修补或加固的功能，也可以用作抹面砂浆，涂上薄薄一层就能遮覆旧墙面或者改变洗手台或浴缸的外观，为家具增添现代感。

这个类型的混凝土或灰泥带来了崭新的可能性，使众多装修师、设计师和艺术家拜倒在它们的魅力之下。他们尝试在其他基材上使用这种材料，创造出缤纷的色彩"花园"，比如，让轻浅的淡彩色搭配鲜明的艳色，同时在纹理上大做文章，仿制出人意料的材质（如动物皮革），并且创作与众不同的图案和外形等。这些专业人士能够满足人们不同的需求，量身定制属于个人的作品。

◀利用高性能混凝土的耐受性能够制作出挖空形体，例如这面美丽的镂空屏风。

▲这些装饰性的护板和镶板通过对称样式或随机图样能够展现出别具巧思的纹理和质感。

超高性能纤维混凝土

超高性能纤维混凝土（BFUHP, bétons fibrés ultra hautes performances）是刚刚从制造商实验室出炉的产物，可说是目前最为创新的产品。

超高性能纤维混凝土的结构非常紧致，混入金属纤维取代钢筋，其耐受性是普通混凝土的 6 倍，可以应用在各种领域，从最前卫的建筑作品到结尾工程全都适用。此外，相对于超高性能混凝土，这种材料能够赋予成品更纤巧的质感与更优异的机械抗性。

Lafarge、Rhodia 和 Bouygues 这三间大公司研发出制作此类混凝土的材料：Ductal®。金属微纤维让这种材料像钢铁一样富有延展性，但又比其他混凝土更为耐用。Ductal®是"人丁"仍旧稀少的超高性能纤维混凝土的家族成员之一［用于建构的 BSI® Ceracem（Structurel），以及用于装潢构件的 BSI® Ceracem（Architectonique），d'Eiffage 也属于这类产品］，能够用来创作大胆狂放的作品。

▲形如巨石柱的茶几看似笨重，其实内部中空，可以轻松移动。

▲阶梯台面使用 Ductal® 材质，内部中空，打造出轻灵且富有设计感的效果。

▶虽然外观轻巧，但是这张以超高性能纤维混凝土制作的户外椅能够抵御风霜雨雪和岁月的侵蚀。

这面涂上彩色灰泥的墙面如巴亚德阔条纹彩绸，形似一张独一无二的特大号色卡。

色彩和材料

色彩在建筑与装修中扮演着重要的角色，运用光影与材质更能影响我们对环境的感知，明亮的色彩可使空间放大，深色则会使其缩小，但要注意避免用鲜艳的颜色填满空间，容易让人产生视觉负担。混凝土的颜色首先取决于骨料，也可在胶结料中加入颜料使其效果更为明显，可选择由高岭土和矿物制成的天然颜料或者由氧化金属制作的合成颜料。如果想要选择更为便宜的颜料，可以考虑使用颜料粉末表染混凝土，和其他的颜料相比，持久性略差，但是也能获得云纹、大理石纹、仿旧等各种装饰效果。

色彩的选择与光线息息相关，光线在建筑与装修领域扮演着决定性角色。不论是在室内还是户外，都会深刻地影响我们对环境的感知。光线能让体积、面积或某种材质产生放大、缩小、增厚或变薄的效果，也能突显某个建筑元素，或为屋子里的每个空间营造独特的个人风格。

用于室内或户外的混凝土也不例外。它们的颜色首先取决于骨料以及所选的胶结料。如果想要获得较为显著与一致的效果，可以在制作过程中加入其他成分，使用颜料将混凝土整体预先染色；或者在它们的表面用同种类型的颜料进行染色，称为表染混凝土。

善用色彩

明亮的色彩可以让空间放大，而深色则会在视觉上缩小空间。归类为冷色调的蓝色和绿色会有将距离推远的效果，归类为暖色调的红色、橘色与黄色则有"收缩"的倾向。然而如果只拘泥于这些大原则，那就太可惜了。除了表面的类型（地板、墙面、工作台等）与面积之外，透入空间的自然光、事先布置的人工照明，以及色彩本身的亮度，都能抑制或突显所选的色调，起到压缩或扩大空间的作用。

在一个空间的所有表面无差别地使用统一的色彩，配合均匀散布的光线，就能掩盖缺陷。反之，如果以对比强烈的方式照亮空间，就会让实体特别突出，色彩也会根据表面的坐向产生些微变化。无论如何，最好不要使用鲜艳的色彩填满整个空间，以免造成视觉负担。

最后，材料本身的涂装（哑光、缎面或亮面）以及纹理（光滑或粗糙）都会随着光线量产生微妙的变化，为了营造空间整体感而选择较为中性的单色时尤其如此。

大片深浅不同的红色墙面与
木质地板营造出温暖的氛围。

骨料

骨料会对混凝土最终呈现的外观造成重要影响。它们的色调因母岩而异：以大理石为来源的骨料是白色、红色、绿色和粉红色；石灰岩的则是赭色、米白色和棕色；花岗岩的是黄色、粉红色、灰色和绿色；玄武岩的是黑色和蓝黑色。

不论骨料是全部可见还是局部可见或经过抛光，本身就能为材料增添颜色和纹理，透过它们的凹凸立体产生光影变化。我们可以使用普通水泥（灰色），但是白水泥更能彰显它们的颜色甚至颗粒感。

为了帮助人们做出选择，专业工人会展示一系列骨料样品，从最粗的颗粒到最细的砂子无所不有，当然也有混合颜料后调制出的缤纷色彩供人们挑选。

▲将骨料镶嵌在混凝土中，打造美丽的效果，形成灰、蓝色共舞的色调变化。

▲混凝土不一定是灰色，形形色色的颜料可以让混凝土"享受"黑白变彩色的人生，从内到外都不逊色。

颜料

我们可以在胶结料中掺入颜料，使骨料的装饰功能更加明显。颜料可分成天然颜料与合成颜料两种。

●赫石与彩色土壤: 这些经由拣选、洗涤、煮制、研磨而得的颜料粉末（高岭土和矿物的混合物）可以形成天然的色彩，与石材和木材是天作之合。它们非常适合与自然环境融为一体的新建工程，即使是洋溢着现代精神的建筑也同样适用。赫石色系主要是温暖热情的颜色，包括红色、黄色、橙色和棕色。

赫石和彩色土壤可以通过十分自然的方式为保护型灰泥和墙壁的完工涂装面增添色彩（特别是列入国家保护名单的地点，它们必须严格遵守当地规章所规定的颜色），同时也非常适用于为花园矮墙的砖块或石块抹缝。

你也可以用赫石和彩色土壤为老屋的地板和墙壁铺面增添颜色，或者为以木材为主的室内装饰点缀色彩，自然天成，毫无突兀感。

一般而言，由于赫石在自然界中储量丰富，所以其价格一直维持在合理的范围之内。制造商会烧制赫石使颜色更加浓烈，同时加强其遮覆力。此外，这种颜料已经通过时间的考验，证实其具有较强的持久性。颜料的染色能力主要取决于它的质量，而非用量。

●合成颜料: 最持久（也最常用）的合成颜料是氧化金属（铁、铬、钛、钴、锰等）。它们以氧化方式制造而成，产量远超过天然颜料，因此价格十分便宜。这类颜料的遮覆能力强，而且基色（红、黄、赫、棕、黑色）容易混合，因此能够扩充颜色的种类，还可做出赫石和彩色土壤无法调制的色调。

▶颜料的染色能力主要取决于它的品质，而非用量。

表染混凝土

我们同样可以在混凝土的表面进行染色。先在新浇置的混凝土表面洒上颜料粉末，随后将粉末抹开以便与混凝土中最细的矿物成分混合，根据不同的手势和用具，就能获得云纹、大理石纹、仿旧等各种装饰效果。混凝土干燥之后必须使用填孔产品将其"阻塞"，使表面没有孔隙。

表染混凝土与整体预染混凝土相比，相对便宜，特别适合只需制作一层装饰用修补层的作业，但它的持久度不如整体预染混凝土。

颜料的使用原则与剂量

●颜料通常以粉末形式呈现，只有极少数会事先依表面类型配好比例以液体形式装在桶内出售。
●颜料的剂量必须极为精确，不能超过胶结料重量的 3%，以免影响混凝土的强度。此外，同样的染色颜料会因骨料大小而拥有不同的染色能力。因此，需要一定的经验才能调制出兼具极强美感和持久度的成品。
●如果你自行调制表染混凝土或灰泥，请在选购必要的材料时尽可能选择同一家制造商生产的产品，以便确保其兼容性。
●选择胶结料时，白水泥比灰水泥更为合适，因为它更能保留颜料的色彩，尤其是鲜艳色调的光泽。
●为了获得均匀的颜色，染色混凝土的搅拌作业最好在预拌混凝土厂进行（如果数量不多，也可使用混凝土搅拌机）。

热情洋溢的红色地面在视觉上将一楼的不同空间整合为一体，搭配客厅深处的红色墙面，产生延伸推远的效果。

▲这间浴室的表面铺天盖地使用耐受性超强的防水彩色灰泥，连深洗手槽的内壁也不例外。

油漆和彩色木漆

也可以用油漆和彩色木漆为混凝土表面上色，地面、墙壁甚至天花板都可以采用这种装饰手法。使用小刷子、滚筒、油漆刷、喷枪将涂料漆上彻底除尘的基材，呈现哑光或亮光等不同外观。

这些适用于矿物性基材（混凝土、毛坯墙、石膏等）的特殊油漆和木漆还分为"墙壁与天花板专用"或"地面专用"，后者特别耐磨损，适合用在通道区域。为了打造健康的居家环境，应选用符合环保标准的涂料，通常可以使用肥皂水或无腐蚀性的家用产品进行保养。

●油漆的颜料含量大于木漆，不透明的油漆颜色能够完全遮覆混凝土的矿物质感，但又不会掩盖我们希望保留的脱模混凝土的粗犷感。

●木漆是一种防水拒油的室内外涂料，可以让灰色或白色的清水混凝土外观一致，又不会掩藏其矿物质感，还能用来修正颜色，修正时必须先在表面较不显眼的地方进行试涂。

彩色灰泥——三个使用原则

●第一个原则：在涂上彩色灰泥之前，必须确保被涂上灰泥的基材完全密封防渗，尤其是接合处，例如工作台和洗碗槽之间、淋浴间的墙壁与地板之间，以防渗水。
●第二个原则：预先处理好基材，为所有表面修补可能出现的裂缝、刮除凸起或剥落的涂料、补上缺失的砖瓦、清洗、去油污和除尘……通常还会对其涂上附着剂（又称底漆）作为辅助。
●第三个原则：控制不同饰面层的干燥时间，最后涂上保护层。
●最后，请参考制造商的建议，选择符合要求的保护性产品，以便之后能够正确保养和清洁新饰面。

第二章
混凝土的变化

手工印制在新涂灰泥上的智慧箴言将会陪伴主人度过悠悠岁月……

纹理与图案

一般情况下，混凝土在脱模时，如果不再对其进行加工，可突显出基材的矿物本色，也可以通过工具或化学药剂来制造刷纹、渲染、钝化、光滑等表面纹理。或者根据想要的效果和面积选择不同方式为混凝土增添花纹，例如将模具直接按压在新鲜浇筑的混凝土上，将表面盖上纹样，或是制造特殊模型，将混凝土直接注入模中，拆模后即可拥有特殊纹路，而新式纤维混凝土能够重现模具中幽微精致的细节。

未加工表面

未加工表面是指原封不动地保留混凝土脱模后的表面，一般是灰色或白色，但也可以预先整体染色。模板的印记、衔接缝和其他施工时遗留的痕迹，都能够突显基材的矿物本色。

粗犷表面

要想获得粗犷的表面效果，可以通过工具的机械作用（刷纹混凝土、石锤凿面混凝土……）、喷洒材料（喷砂混凝土、渲染混凝土……），或者喷淋化学物质来腐蚀混凝土表面（钝化混凝土）。

在第一种情况中，骨料会透过混凝土表面制造的小裂纹露出来，在另外两种情况中则是通过清除胶结剂来达到这种效果。大部分的纹理都已预制在板砖、镶板、工作台等构件上。

●刷纹混凝土——用硬毛刷（非金属材质）刷新鲜混凝土的表面即能产生此效果。
●石锤凿面混凝土——将手或机器作为石锤（尖锤类）敲打硬化的混凝土表面，如果在找平层尚未完全硬化前以小尖齿滚压也可制造不同的立体感。
●喷砂混凝土——以高压气体将砂子喷溅在干燥的混凝土上，使骨料的凹凸感变得柔和，同时让暗沉的表面焕然一新。
●渲染混凝土——运用的原理与喷砂混凝土相同，只是换成高压喷水。
●钝化混凝土——将化学钝化剂喷洒在半干燥的混凝土表面，然后用水柱冲洗以使骨料裸露，使用盐酸也可以获得类似的效果。

平滑与抛光

●平滑表面——手拿镘板或借助机器（抹平机）轻轻抹过新鲜混凝土表面，或者将混凝土材料浇置在内壁光滑的模具（或模板）中，就能得到这种类型的表面效果。

●抛光表面——根据预想的表面细致度，利用特殊研磨机在干燥的混凝土上来回打磨 2 ~ 6 趟。这个程序能够突显细砾石的特色（它们会被齐平切割，浮现在混凝土表面），或是让稍微显旧的找平层焕然一新。虽然作业时间较长，成本也比较高昂，但能获得美丽的装饰效果。

▶混凝土盥洗台经过抛光处理，突显出骨料的特质，特意保留的粗糙哑光外观与白瓷的明亮相映成趣。

混凝土的装饰图案

除了在混凝土表面进行色彩装饰和表面处理之外，我们也可以通过印制图案来改变材料的外观。新鲜混凝土天生具有可塑性，能够打造出各种效果，如镂空、立体形状，印花混凝土和模塑混凝土就是这一类别的产物。

上述措施具有相同的目的，即在混凝土表面创作装饰性图案。为了制作这种成品，必须动用各种性质的模具（其实就是饰有图案的板子，图案可以是凸起或凹陷的形态）。

◀这片混凝土地面通过活版印刷的方式印制了一个字母，它或许是主人的姓氏的首字母。

▲在混凝土表面印制叶纹，运用这种美丽的 方式将大自然引入室内。 ▲混凝土这种有如变色龙的材料能够惟妙惟肖地模仿其他材质，其仿真度令人叹为观止。

印花混凝土

制作印花混凝土（又称压印混凝土）的模具是带有图案的半刚性塑胶板。施作时像盖印章一样将模具直接按压在新鲜浇筑的混凝土上，利用施加的压力将模具的图案转印到混凝土表面。应用于地板时，可采用堆砌石材的外形与纹理。专门制造商也会提供类似大刷字板的模具，能够模仿铺路石或石板的接缝，让混凝土表面与人行道、小径甚至游泳池畔融为一体。

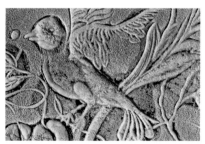 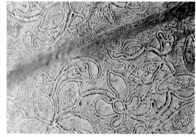

▲这种以水泥为基础的装饰性材料具有极强的美感，能够呈现出引人入胜的动植物图案。

近年来，印花混凝土同样在室内装修界大行其道。模具能够再现简单的轮廓或较为复杂的图样（物品、树叶、枝蔓、交错的线条……），通过印制一次或数次来强化效果。也可以通过你的想象力（或艺术天分），来改造材料或器皿的用途，例如，利用细绳印制扭绞的线条，用直径不同的甜点模圈创造交叠的圆形图案，或是用一块麻布将混凝土印上布料的织纹。

有色硬化剂

为了不让图案受到水、脚步走动和岁月的侵蚀，可使用"特殊孔隙材料"（水泥、石头、混凝土）硬化剂粉末混合颜料，撒在新鲜混凝土的表面。以这种方式染色的混凝土会出现精微巧妙的颜色变化，更接近于所模仿的材料外观。

◀预制混凝土围墙模仿木篱。

◀新浇置的混凝土十分〝敏感〞，能够重现模具中精致的细节。桌面上以古织锦为灵感的纤巧图案就是利用这种方式制成的。

▲通过深暗的色调和木纹变化来实现与周边环境的巧妙融合。

模塑混凝土

模塑混凝土（又称模铸混凝土）使用的模具分为两种类型，最简单的类型则是木板模，可以让木头的纹理在混凝土上留下印记。第二种类型是特殊模型：先通过激光或铣削等各种方法将图案复制到模板表面，然后浇筑硅氧树脂或弹性体，制造出柔韧的模具。在模具中浇置混凝土即可在表面完美重现图案，这种类型的模具持久耐用（不会变形），而且可以重复使用，便于制造一系列完全相同的成品。

新式纤维混凝土的性能使其可以复制与蕾丝、皱纹纸一样纤细的纹路。设计师们都很喜欢运用这种手法来创作装饰性镶板、家具或图样精妙的物品。

书房里侧的墙壁采用色调天然的混凝土
制作而成，仍然保留模具的痕迹，拥有
让人心定神宁的力量。

完工的涂料

看似未加工的清水混凝土表面，实际上已添加防水、拒油和防冻裂等助剂，以保护混凝土表面。清漆对抗磨损非常有效，也能表现出哑光、缎光或亮光等效果。另外也可在混凝土表面涂上一层蜡，通常会选择适用于家中所有空间（包括厨房和浴室）的聚丙烯蜡，或者也可在起居室或卧室等不常走动的地方使用皂化蜡，为空间打造视觉舒适、触感柔和的表面。另外，也可涂上彩色灰泥和装饰性混凝土砂浆，为表面制造多彩的效果。

不论混凝土是何种类型，完工涂料产品都能稳固和保护表面，同时赋予其美感，创造哑光、亮光或缎光等效果。

清水混凝土

这种混凝土又称为"脱模混凝土"，制作时留下的所有痕迹都清晰可见（模具的印记、可能的衔接缝、明显的凹凸不平等），但这并不代表它不含防水和拒油的助剂、防冻裂剂以及其他掺剂。如果使用这种混凝土制作墙壁，可以保留原貌或是单纯涂上一层无色蜡或哑光清漆，以保护白色混凝土不黏附脏污。

纯粹主义者喜欢保持完全没有保护层的样貌，让它们随着时间的推移自然旧化，营造浓郁的工业风氛围。应用在地面时，保留的未加工找平层很少会是原始结构，通常已经涂敷了一层修补层作为"保洁层"。如果修补层做得太过粗糙，还可以浇置最后一层"安心"修补层，其与清水混凝土具有相同的调性，最后再上一层哑光保护涂料，以便保留材料最初的矿物感。选择这种处理方式可以避开全清水混凝土的不便（特别是嵌进材料孔隙的脏污和灰层）。

清漆

清漆对于抗磨损非常有效，可以产生哑光、缎光或亮光等效果，用于混凝土时必须选择矿物性基材适用的清漆，可购买专业品牌。务必详细阅读技术手册以了解各种产品和其使用方法。清漆通常使用刷子或滚筒进行涂刷，用于保护地面和墙壁，同时衬托基材的色彩。如果施用面积较广，最好雇请专业人士处理。他们老到纯熟的经验能够确保毫无施工痕迹的完美成果。

蜡质混凝土

蜡质混凝土具有与旧式镶木地板相同的魅力，在住宅中很自然地占有一席之地。就传统定义而言，所谓蜡质混凝土就是上了一层蜡涂料的混凝土（或灰泥）。

先设置必要的膨胀缝隙，然后在地暖系统上浇置一层混凝土作为找平层或者薄修补层（5~10 厘米，可以预先染色）。经过抹平、洒上硬化剂粉、磨光等程序之后，对于材料的表面会再使用填孔剂进行"阻塞"。

接下来即可上蜡，通常会选择适用于家中所有空间（包括厨房和浴室）的聚丙烯蜡。在实施这个步骤之前，混凝土必须经过防水拒油处理。此外，如果沾到水要快速擦干表面，以免出现白点。清洁时使用温和的家用清洁剂。每年重新上蜡能让随着时间旧化黯淡的部分再度焕发光彩。我们也可以使用皂化蜡，这种天然的液态蜡以马赛肥皂和蜂蜡为材料，经常运用于孔隙材料（深红六角砖、石灰、水泥、石膏等），以刷子涂上数层，直到渗入材料并在表面形成天然的防脏污、防斑点屏障。比起聚丙烯蜡，皂化蜡相对脆弱，最好只用在起居室和卧室（走动较少），为这些空间打造视觉舒适、触感柔和的表面。

真正的蜡质混凝土颇具美感，可以从外观的"波纹"辨识出来，这种非常特别的特色源自涂在混凝土表面的不同蜡层。

在这里解释几个可能混淆的"误用语"：事实上，由于大众热爱这种类型的完工面，所以有些外观类似蜡质混凝土的产品会窃用这个名称，磨光后上漆的混凝土、树脂混凝土，甚至彩色灰泥和砂浆有时候都会自称"蜡质"，但其实截然不同。话说回来，它们最终呈现的效果确实迷人，而且对于效能如此良好的涂层来说，作业过程简单快捷。此外，这种混凝土也具有极强的耐受性，并且适用于各式各样的基材。

注意：蜡未干时可以用清水轻松洗去，干燥后则无法溶于水。

▼洗手台以预染彩色混凝土制成，并涂上数层聚丙烯蜡，以确保完工面得到保护。

蜡质混凝土地面深谙"暖暖内含光"的道理，通过天然柔和的颜色衬托出珊瑚红地毯和白色沙发的特色。

混凝土防渗透处理

●施加填孔剂——我们可以在孔隙材料上（混凝土、石膏、木头、陶土或部分石材）用刷子、滚筒或喷枪施加填孔剂。不论用于室内还是户外，这种产品都能"阻塞"材料表面，减少孔隙，避免过快沾上污垢，并强化清漆的附着性。可使用肥皂水清洁。

●预先进行整体防水处理——加入拌和水可以让混凝土和灰泥具有防水效果，因此在制作潮湿空间（如浴室）的地板、墙壁、设备和外装时，这个步骤不可或缺，但对于暴露在户外的表面（例如墙壁、地面、水池和游泳池）也同样重要。

●进行表面防水处理——可以弥补预先防水处理的不足，也可用在偶尔只会在清洗时接触到液体的表面（例如架子、家具、工作台面等）。现在市面上已有既能防水又能拒油的产品，特别适用于厨房和烤肉架四周。

彩色灰泥和装饰性混凝土砂浆

我们可以利用抹刀以交叉的方式抹上薄薄一层彩色灰泥（水泥、砂子、颜料、水）和装饰性砂浆（矿物填料和彩色树脂）。涂上"底漆"附着层之后，会大致抹上一层砂浆作为负载层（产品的薄度可确保它们稳固地附着在基材上）。

如果外观变得粗糙、无光泽，可以用拧得很干的海绵加以打磨。接着以更细腻的动作抹上更轻薄的第二层。干燥（大约5小时）和打磨之后再用填孔剂对表面进行防水处理，然后以保护蜡作为完工涂层。蜡十分适用于起居空间，在潮湿的空间就要改用清漆。

▲在这间秉持"回收再利用"精神的浴室中，隔墙和置物架均以抹泥板涂上混凝土。

将浴缸镶嵌在独立的蜂窝状混凝土构造中，粉红色的灰泥涂层让它散发出独特韵味。

装饰性混凝土砂浆可以创造比灰泥更细致的效果，而且施用在地面上的总厚度不会超过 5 毫米，涂刷在墙壁和家具上的厚度还会更薄些。

如果运用在地面，会先用刷子以交叉方式涂上附着基层，再浇置这种装饰性矿物涂料。干燥之后（约 48 小时）将地板打磨以便刷上保护蜡。在此必须重申：应该以空间的用途来决定完工涂层是否足够，或是否应该选择清漆。

装饰性混凝土砂浆的特别之处来自成分中的树脂，高耐受性使其室内、户外两相宜，防水性则让其得以运用在潮湿之处。要注意的是，涂刷装饰性混凝土砂浆的底材要经过密封防渗处理，以避免水渗入底材和表面涂敷的材料之间。

地面、墙壁、天花板、家具、方砖（免去铺筑的步骤）、陶瓷、金属、密度板、合成树脂等，均可涂上这种装饰性材料，可见这类基材和材料真是多不胜数，颜色的选择通常也多如繁星。你也可以在制造商的协助之下，或是根据预拌灰泥的说明书，调配出属于自己的色彩。

游泳池边的地板由混凝土与木头两种不同材质搭配而成，表现出植物与矿物交融的碰撞美感。

搭配与镶嵌

朴素的混凝土与其他任何素材搭配，不但可以创造出沉静感、现代感、华贵感等不同的风格，还可以通过不同材质的搭配展现不同的区域。或是利用混凝土的可塑性，在其耐受性允许的情况下，在混凝土中镶嵌不同性质的材料，能够获得不同的色彩、纹理甚至光线等效果。另外，还有种处理手法是在混凝土中包埋其他骨料，等混凝土干燥时再将表面抛光，将包埋的材质显露出来以创造纹样。

通常情况下，我们更青睐于混凝土的粗犷表面，被它朴质的本色和鲜明的个性所吸引。然而，单纯保留原貌也有可能无法满足观赏者的审美需求，这就促使人们寻求其他类型的混凝土或者更具装饰性的其他饰面。当然，善于利用普通混凝土天然无华的颜色（源自水泥）和低调朴素的外观，通过组合和镶嵌的手法与其他材料进行搭配，也能表现出优美而精致的效果。事实上，混凝土的矿物质感可以创造出反差强烈或协调融洽的效果，不但适合地面和墙壁的装饰，也可以运用在家具上。

混凝土的理想组合——石材、陶、铁件、玻璃

混凝土与矿石、岩石或卵石能够自然而然地产生共鸣。选择的颜色应尽量接近所要搭配的材料的色彩，以便制造出和谐融洽的出色效果。混凝土表面可与其他矿物元素相互衬托，产生舒缓沉静的视觉效果。

混凝土与赤陶通过混凝土染色可以获得温暖热情的单色调，或者创造有趣的反差色，在空间中划分出不同的区域。

混凝土与金属这两种材料的强烈个性可体现工业风美学原理，将古锈钢材与清水混凝土搭配在一起，能够激荡出独特的魅力，或是将不锈钢与光滑混凝土进行搭配散发出现代感。

混凝土与木头搭配时，植物元素的温暖质感与研磨混凝土的柔美汇合交融。从古典到现代，混凝土与木材的混搭都能用于构筑雍容华贵的空间。

混凝土与玻璃的搭配则是在透明与不透明、光滑与颗粒感、光影与映射、理所当然的坚硬与显而易见的脆弱之间表现出反差的视觉效果。

▶除了美学上的效果之外，混凝土与其他材料的结合还能传达出不同空间的用途，并可省去在大片混凝土表面进行接缝的施工活动。

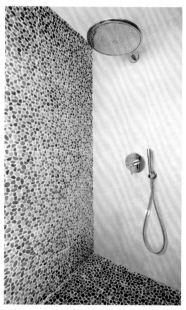

▲▶混凝土与矿石、卵石或者玻璃搭配都能够展现出材质的协调关系与反差效果。

包埋镶嵌——创造色彩、纹理和光线

混凝土是具有可塑性的水泥膏状物，其成分（如骨料、纤维）能够保证
材料的耐受性。在耐受性允许的情况下，我们可以在混凝土中包埋镶嵌
各种性质的材料，为它们带来色彩、纹理甚至光线上的变化。

1. 光线

根据定义，混凝土不透光而且无法发光，但是新式混凝土已经打破了成
规。在引颈期盼各种尖端创新产品的同时，目前已经可以在混凝土中嵌
入发光光纤来创造装饰性效果。这些柔韧、有弹性的塑胶纤维会输送光
线但不导电，所以能够包埋在浇置的混凝土中。通常我们会将光纤垂直
铺设在混凝土的可见表面，干燥之后将混凝土齐平切割，之后即可像平
常一样进行各种表面处理。

无论在室内还是户外，变压器都应经过安全处理并收纳在隐蔽的橱柜或
工具库中。光纤可以照亮壁龛、创造繁星点点的天花板、镶嵌在家具内，
也可以长距离布置，即使用于户外也没问题，例如在花园小径设置灯标，
或是作为阳台甚至游泳池内部的照明。

◀混凝土桌面上随意分
布的光纤闪耀着星星点
点的光芒。

漂亮的吧台使用深色混凝土制作而成，随意分布的光纤闪耀着星星点点的光芒，还会随着时间的推移变换色彩。

2. 各种性质的材料

在不透明的混凝土中瞥见半掩半映的磨砂玻璃或彩色玻璃碎片能够给人带来惊喜，加入赤陶块则能增添些许的温馨感和不同的色彩效果。

◎ 事前准备。

如果要预先在整体混凝土中包埋材料，必须根据工人的建议，做好前期的规划，并有计划地进行。等到混凝土干燥后将表面进行磨砂或抛光处理，让包埋的材料显露出来。

◎ 表面与地面的施工。

在表面或地板运用包埋镶嵌的技巧时，可以在稍微高出找平层的底板上放置小块材料，让材料缓缓沉入新鲜的混凝土中，这样就不至于影响混凝土的平整度。另一个解决方案是将较厚的包埋物放置在毛坯基底上，然后浇置一层薄薄的修补层：美丽的卵石能够带来海滩的气息，玻璃珠则可为儿童房营造活泼的气氛，或是用小木片铺出一条小径或一块永久植物性地垫。不同的材料会产生多样的变化，只待你发挥创意。

◎ 墙面的施工。

运用在墙壁时，镶嵌的材料必须先进行粘贴处理，然后以制作马赛克的方式进行抹缝作业：色彩鲜艳的小块塑胶或大小不同的镜子碎片可以在灰白或彩色灰泥上尽现朝气与活力。如果材料是粉末、颗粒或小碎片，则可将其用抹泥板抹在新鲜的灰泥表面，譬如在中灰或深灰底材中镶嵌金属箔片来制造仿若仙境的梦幻感。

必须做好规划工作，最重要的是确定包埋物的厚度能够与基材相容，并事先准备适当的防护产品，因为在干燥期间，收缩现象可能会导致包埋物脱落。最好请专业工人进行处理，或只在小面积内施作包埋镶嵌，并且应事先做好测试。此外，如果你是受过训练的家装爱好者，知道如何使用水泥和混凝土，只要激发灵感，拥有足够的耐心，包埋镶嵌的小技巧就能创造出独一无二的装饰效果。

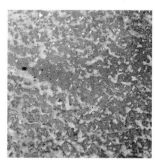

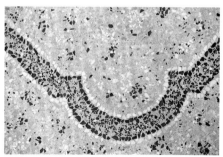

▲在厚度稍薄的装饰性矿物材料中包埋了小云母片，发出微微闪烁的亮光。

▲白色和蓝色的骨料包埋在沙黄色的混凝土中，形成类似于地毯的图案和带状装饰。

重构石材板砖能够创造出凹凸有致的弧度，柔化游泳池边缘的线条。

仿混凝土材料

有些具有矿物或水泥成分的材料，由于外观、用途甚至名称与混凝土相似，常被误以为是混凝土。比如，加入强化纤维的水泥、加入木头纤维的水泥、水泥砖、再制石、树脂混凝土和装饰性矿物材料，各有其不同于混凝土的特性。若想让家具在保持矿物感的同时，还具有轻巧感、便于移动，且能防水、防冻、防霉、防真菌和防虫，就可以加入强化纤维的水泥来达到想要的效果。

再制石、水泥方砖、树脂混凝土……某些具有矿物或水泥成分的材料常会被误认为是混凝土。它们的外观、用途甚至名称有时会扰乱视听，也可以提供各种有趣的变化和衍生，以及多姿多彩的创作可能性。

以纤维和水泥为基础的材料

这种材料的主要成分是加入了强化纤维的水泥（例如纤维水泥），为设计师们开启了灵感大门。它们具备防水、防冻、防霉、防真菌和防虫等特质，因此十分适合制作户外家具和花盆花架。强化纤维耐受撞击、方便剪切，又能呈现纤巧的外观，拥有设计感十足的线条与空灵的质感，使得这种材料具有轻巧的重量，便于搬运。

其他水泥类材料则以木头纤维加以强化（例如 Eternit 的 Duripannel）。除了不易燃的特点之外，它们还能防潮湿、防冻裂、耐冲击、防寄生虫和防霉。

通常把这种材料做成板砖的形式，只需用钉子或螺丝固定即可。耐受性好、绝缘能力强和便于安装等众多优点使这种材料适用于地面、墙壁和天花板，其价格也算是亲民。这种材料可以用于任何外装饰面，如壁纸、油漆、砂浆、饰板、方砖、地毯等，成为装饰的优良基材。

石棉——纤维水泥中已被淘汰的旧时代材料

● 在过去很长的一段时间里，水泥中会混入纤维状石棉，创造出具有高耐受性的细致材料，用来制作管道、护墙板和屋顶砖板。
● 尽量不要使用纤维状石棉，可以用天然或人工纤维替代石棉，例如不会危害人体健康的纤维素或聚丙烯纤维。

树脂混凝土属于无孔隙材料，是构建厨房和浴室等潮湿空间的理想材料。

矿物材料

水磨石又称为"人造花岗石",是一种没有混凝土外表特征的混凝土。从文艺复兴时期即用于威尼托地区的宫殿。这种极致优雅的材料利用水泥或浅色水泥来胶结硬石骨料(大理石或花岗岩),质地非常坚硬,可用于地板作为装饰性完工面,厚度至少 1.5 厘米。待水磨石干燥之后,使用旋转式研磨机来回抛光数次,骨料的横剖面即会浮现在水磨石表面,接着涂上哑光或亮光漆作为保护层即可。

水磨石比普通的混凝土昂贵,因为骨料必须经过精挑细选,尤其是用于制作马赛克。由于地方的商业场所经常使用水磨石(也会使用方砖和乙烯板),使这种商业性材料给人的感觉较为经济实惠,其形象大受影响。然而专业工匠凭借自己的才华、巧手,发掘水磨石的美学潜力,巧妙地搭配颜色并使图案更具现代感,使这种材料重获荣耀。

水泥砖由数层薄薄的波特兰水泥和极细的纯净矿物粉末(硅、大理石)组成,通过整体预染色和精准的浇注模塑,创造出多彩多姿的图案。这种材料约于 1850 年问世,凭借传统材料的魅力和色彩丰富的图案,在最近 15 年再度流行,为室内设计注入新元素。虽然水泥砖要价不菲,但是其强烈的特色使它们能够在小面积内使用,例如用于餐厅的木地板上,创造仿桌下地毯的效果(比真的地毯更容易打理)。

▲水泥方砖的图案和色彩能够为地面、墙壁、室内和户外增辉生色。精心挑选的矿物元素镶饰出植物枝叶的装饰图案。

借助灰泥或水泥胶，水泥砖可以直接贴装在混凝土找平层上。之后使用防水和拒油产品提供防护，达到深层防渗的效果，以便抵御水和污渍的入侵。如果是孔隙材料也可涂上一层无色液态蜡，该产品在防水之余还能让砖材的颜色更加鲜艳，同时赋予它们美丽的缎光。使用亚麻油能够营造质朴粗犷的乡村氛围，缺点是会让白色和浅色变黄。

再制石是一种配方十分接近混凝土的材料，其中的天然矿物成分通过水硬黏结料聚合在一起，形成与混凝土相同的可塑性，因此具有强大的模仿能力，可以通过模铸来仿造其他材料（石材、木材、赤陶……）。游泳池的边栏、阳台的铺面、矮墙、栏柱、壁炉台、墙面……这些重构石材产品已活跃于建材市场。栏柱之类的建筑元素可以使用传统灰泥来装设，超薄墙壁饰面则必须借助特殊黏着剂进行铺贴。

由于施工更为便捷，再制石比砌石花费低廉，并可模仿各种结构、色调和形式。除了兼具坚固、装饰性、防冻裂与防滑等优点之外，也不需要进行任何特殊表面处理，使用肥皂水即可清洁保养。而自然的风化侵蚀能够赋予再制石更加质朴天成的质感。

▲再制石通常是以块件形式组装，一方面便于置放，另一方面可缩短施工时间。

树脂混凝土与树脂灰泥

准确地说，树脂混凝土与树脂灰泥并不算是混凝土，因为它们使用了（大量）聚合物黏结剂，取代水泥来将矿物粉末胶结在一起。这些粉末可能来自天然原料、人工原料或回收的工业原料。我们可以利用颜料进行整体预染色，但也可以堆叠或混合色彩，让外观产生更多变化。

相比于以水硬水泥制成的普通混凝土，树脂混凝土与树脂灰泥更能承受尖物的撞击（鞋跟、家具脚和横挡），这个优点让它们能够用作非常薄的修补层（5毫米以下）。我们有时会添加织料、玻璃或金属的纤维来强化它们的机械性能。防渗透性让它们能够抵御化学物质的腐蚀和结冻解冻的循环，因此能够用在室内外经常有人走动的地面。

柔和的触感、简单的保养、长久可靠的使用寿命以及活力四射的外观，使树脂混凝土和树脂灰泥不仅富有装饰性，而且容易搭配。它们能够附着在各种材料上（砖瓦、木材或旧混凝土找平层），前提是这些基材要先经过处理（整平、密封防渗、清洁）才能施用混凝土。

这类硬如石头的"混凝土"没有磨损的风险，宜铺设在玄关或客厅，而且不论大面积或小面积都很适用。完工的表面可以是亮光或哑光、云纹或火焰、淡雅单色或鲜明艳彩。表面经过岁月侵袭后可能变得黯淡脏污，涂上地板专用蜡就能让它们重现光彩。日常保养也只需要少许清水和温和的家用清洁剂就能完成。

树脂混凝土不易被家具刮伤，同时还可以防止磨蚀和其他破坏。这里使用的树脂混凝土呈现流云纹路，从玄关一路如行云流水般地延展到客厅。

复合矿物材料

复合矿物材料并不是混凝土，但是它们的矿物成分（由聚合物胶结的矿物粉末）占材料的 90%，非常坚实且没有孔隙，因此既能抵御外界侵蚀，又可防水、防涂鸦（非常适用于外墙壁面）。

如果浇筑在有图案的模具中，其细致结构能够重现真实的外观和纹理。从天然淡雅的色调到鲜明耀眼的艳彩一应俱全，能够展现出传统或现代的美感。这种材料通常用来制造形形色色的预构件，例如地砖、墙壁砌面、建筑物外墙（如果是大尺寸表面也可以量身定制）或者厨房与卫浴设备（洗碗槽、盥洗盆台面、工作台等）。

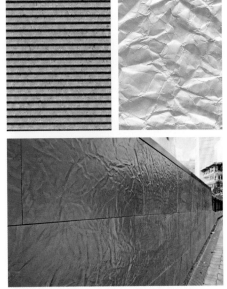

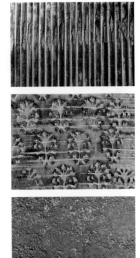

◀划沟混凝土、以石灰水制造仿旧效果的传统普罗旺斯图案、老旧剥落的水泥（顺序自上至下），这些矿物材料可以展现强烈、精致与珍贵的各种纹理。

▲瓦楞纸、皱纹纸、金属等复合材料能够创造出令人啧啧称奇的外观。这面外墙除了充满创意之外，还能耐脏污、防涂鸦。

装饰性矿物材料

装饰性矿物材料是指含有水泥的砂浆，稀薄或浓稠亦可。通常只要看到产品名称就能知道它所要表现的效果，如仿旧混凝土、仿旧水泥、蕾丝水泥、多彩混凝土等。

这种耐受性高的饰面材料适用于墙壁和天花板，用在家具上也很理想。通常会在工地现场直接作业（如果原始基材能够承受），先铺上附着产品再进行施工。还可以用在木材表面，为家具增添个性色彩或创作装饰性护墙板，让空间更加丰富有趣。

各种创作工作室为专业人士或大众提供种类繁多的装饰性护墙板，在外观上具有混凝土的特质，纹理和颜色也缤纷多彩。数量惊人的品种搭配出千变万化的图案（随机、对称、图像、古典、现代）以及不同材质与手法形成的层次，使效果更臻完美。有些水泥会利用石灰或金属箔片来强调立体感、凸显工具的痕迹，或者印制数字照片，然后浇上水泥水（用水稀释得非常稀薄的水泥）和彩色砂浆。最后这几个例子目前只限于定制化的创作，使用了尖端科技，是每个工作坊独有的商业机密。

▶将照片放大置于墙板上，并以水泥水突显强调，呈现强烈且个性化的成果。

在用餐区的墙壁和小酒馆的桌面涂上装饰性灰泥，不但花费少，还能营造出清爽、和谐的现代感。

混凝土成品

想在住宅中增添混凝土的构件，可选择即用型产品，能够大幅简化施工并缩短作业时间，简单的物件也能自行施工。在墙壁或家具上涂上装饰性灰泥，可以轻松营造出清爽又和谐的现代感，另外，天花板、墙壁与地板均有不同材质的构件可供挑选。或是添购大小、颜色与质感各异的盥洗设备与厨房家具，但要注意避免对基材施加太多重量，请专业人士或经验丰富的人士进行施工是较好的选择。

从装饰用的整桶砂浆或彩色灰泥，到预先制作的建筑构件或表面完工件，目前许多大型商店和一些专业公司都能提供各式各样的即用型产品。

这些随手可得的产品能够大幅简化施工并缩短作业时间，可以由受过专业训练的工人涂装（或铺设），也可供业余人士直接使用，人们甚至可根据产品的用途接受培训。

装饰性灰泥和砂浆

灰泥和砂浆通常是小桶包装，搭配辅助产品销售（基层附着剂、防护产品，有时还附带颜料）。这种即用型矿物膏状物在商店随处可见，它们能够让工地整齐干净，而且可以加快施工进度。通常我们会使用抹泥板或镘刀，以交叉方式在孔隙基材（混凝土、石膏、颗粒板）上涂刷一层或数层。如果是性能优异的产品，还能将其施用在砖瓦、陶瓷和金属上。这些材料以水泥或树脂为胶结剂，有些以砂子或大理石粉末等矿物为基料，有些则以植物纤维为原料，再与涂料和彩色土浆结合。根据成分和使用工具的不同，我们可以在预染色产品的原色表面创造、复制和变换大理石、云彩、蜡质、抛光等各种效果。

如果是拼接不同形状、角度和材质的表面（例如邻近隔板墙或收纳架的盥洗台台面），或者装饰大面积的空间，最好请受过训练并了解如何使用这类新式产品的专业工匠进行施工。有些物体外观需要具有专业技能的工人才能呈现兼具实用性与美感的效果。

假设面积不大，你可以自己涂刷灰泥，遮覆一些轻微受损的墙面或者老旧的砖瓦，不必经历漫长而又脏乱的拆除过程。为了避免后续出现问题（灰泥无法固着、出现裂痕等），务必做好基材的准备工作，在潮湿的空间尤其如此，必须遵守干燥的限定时间和其他制造商的说明。经验丰富的爱好者可以自己用镘刀涂抹材料，当然还是需要先在一块测试基材上稍做练习，学习如何薄薄地涂上灰泥以及反复完成相同的动作，以呈现均匀且美观的效果。

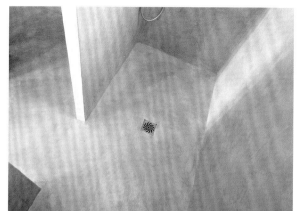

▶使用装饰性防水灰泥来涂装浴室的地面和隔墙不会出现接缝，而且使用方便，可以完美地与基材的弧度和转角契合。

▶由于选择了浅色骨料，使这个抛光混凝土洗手台呈现出细腻的白色调。

安装型设备

特立独"形"的浴缸、含沥水沟槽的洗碗槽、具有排水口的淋浴池，或者大小、颜色与质感各异的盥洗设备或洗手台……如今要在住宅中安置混凝土制作的设备已经不是梦想，而且还不必"大兴土木"。如同以陶瓷制成的同类产品，混凝土设备的装置作业必须由专业工匠或经验丰富的人士进行，才能注意与避免某些产品对基材施加太多重量的问题。

装饰性天花板

目前市面上的各种混凝土构件，适用于具有装饰性拱腹的高天花板：钢筋工字梁和空心板梁（一种中空砖构件，放置在两根小梁上组成楼板）的底面已经预先做好纹理处理，安装之后就是美丽的天花板。通常会先将构件刷上石膏涂料，之后再上油漆。经过处理的构件依然十分抢眼，因为它们在制作过程中浇铸于纹理不同的模具中，成功地打造出木头的质感。

这种新式天花板的制造商除了生产具有纹理的浅色天花板之外（例如 Lib Industrie 的 Lib Vision），还贩售可用刷子自行涂刷的木漆，以供加深或调淡颜色，呈现更为乡村风或现代感的效果。

▶新式混凝土的强大性能可以让地板或墙板在纹理上大做文章，既能提供防滑效能，还可以呈现极致精炼的美感。

墙壁饰面与地面板砖

某些装饰性混凝土墙板会采用组装式板砖的形式，表面模仿石材或砖块的纹理与颜色（或者维持灰色以保留粗胚混凝土的外观）。除了作为室内墙壁的饰面之外，也经常用于室外，一般是在预先经过防水处理的墙壁或隔板上以特殊的黏着剂和灰泥加以固定，然后进行抹缝处理。它们之间通常会有孔隙，可通过填孔之类的表面处理得以防护。一般而言，这些构件是厚度各异的板砖，在大型卖场可迅速购得。以湿料施工时不可避免地会造成工地的脏乱，使用这种产品就能预防此类问题的产生。

将板砖应用于地面时同样也能表现出别出心裁或自然天成的纹理。部分产品除了能够很好地满足装修要求之外，还具有特殊功能，例如具有排水孔的板砖（可用于户外淋浴间），或者用于遮掩游泳池管线工程的活板门。

第三章
居住空间的应用

混凝土的运用

在住宅中使用混凝土可以表现出奇特的视觉效果，不同的混凝土种类迎合了我们的多种选择需求，防滑混凝土可用于打造玄关、防火混凝土可用于制作独特的壁炉、蜡质混凝土则可赋予地板极致温润的质感、轻质混凝土可以建构"轻如羽毛"的楼梯。另外翻修旧建筑时要特别注意建筑物的结构能否承受新增的混凝土重量(找平层、隔间、室内装饰元素)，且确保新找平层的高度不会影响原有房门或落地窗的开启与关闭。接下来的几节我们会介绍各个空间适用的混凝土种类与施工须注意的事项。

防滑混凝土可以打造安全的玄关、轻质混凝土可以建构"轻如羽毛"的楼梯、防火混凝土可用于制作独特的壁炉、蜡质混凝土则可赋予地面极致温润的质感……不论是在局部使用混凝土，还是打造全混凝土的环境，这份小指南都将带你走过居室的每个空间，帮助你实现梦想的混凝土之家。

一般建议

住宅内的各个空间需要使用不同的混凝土，选择时必须考虑个人需求，但是也要考虑技术上的限制、实用性和成本。

●在钢架上浇置混凝土可以打造全新的混凝土地板，如果是自平混凝土，可以直接作为地板的饰面，不必附加完工修补层。在炎热、干燥的气候下，8~10厘米的厚度需要几天时间就可完成干燥处理，如果天气寒冷、潮湿则需要几个星期才能完成。

●浇置混凝土或灰泥修补层相对来说速度很快，但是在施工期间，整个空间必须维持净空，必须等待几天之后（包括完成保护措施，例如涂上填孔剂、蜡、清漆等）才能进入。

●有时最好选择高性能混凝土（例如为地板选用自平混凝土），虽然价格较为高昂，但是能够免除一些施工程序并避免一些麻烦（例如表面处理、修补，或粉尘飞扬的环境）。除了因为省时而颇受大型工程欢迎之外，还能节省费用，弥补一部分初期支出的额外成本。

●为居室中不同空间的地面选择同种类型的混凝土较为经济实惠，因为可以请水泥预拌车一次送货并统一施工。就美学的角度而言，完工面的一致性也能很好地体现美丽的和谐感。

●也可以为每个空间的衔接缝或楼梯平台变换色彩。如果是整体预染色混凝土，就必须重新施工每一个接缝，使用表染混凝土则只需洒上不同颜色的粉末。

打造玄关等走动频繁的区
域，需进行抗磨损与防滑
处理。

新建筑能够选择一切可以使用的材料，而翻修旧建筑就必须依照情况选择适用的混凝土类型。若对二楼及其以上的空间进行翻修（或是有地下室的一楼），最重要的考量是确认建筑物结构是否能够承受新增的混凝重量（找平层、隔间、室内装饰元素），使用轻质混凝土通常能够避免这种风险。

对一楼或二楼以上的地面进行施工时，必须确保新找平层的高度不会影响原有房门或落地窗的开启与关闭。如果空间的整体高度较为局促，可以选择使用较薄的修复层。可将修复层直接浇置在地砖上，不必提前拆除地砖，但前提是地砖表面干净平坦，而且修补层的厚度足以覆盖地砖接缝。浇置之前应先铺上附着基层，这样可以确保混凝土稳固地附着在基材上。在镶木地板上作业更为复杂，因为木材是一种"活"的材料，木材之间的错位轻移会导致混凝土表面出现裂痕。在用木板制成的工作台面上也可以施用混凝土，但前提是必须先在附着基层涂刷防水产品。

● 所有类型的混凝土都可以被浇置成修补层，预先进行整体染色，最后再以表面涂料产品加以防护。不过，它们的成分会影响平整性（以及施工的难易度）和耐受性。因此，如果找平层的厚度超过 10 毫米，可以选择普通混凝土。假设情况并非如此，就要选择树脂混凝土或超高性能纤维混凝土。倘若厚度小于 5 毫米，就必须选择混凝土灰泥或砂浆。

● 暖气管线也必须纳入考虑范围之内，在施工时可以顺便安装地暖系统，将它们包覆在找平层内。可将超高性能混凝土和树脂混凝土浇置在该类型设备上。

混凝土具有超高耐受性，
能够充分发挥防护作用，
并将居室的不同空间联系
起来。

走动频繁的区域：玄关与楼梯

玄关的地板很有可能接触水、泥土或砂砾，导致表面变得光滑或受到破坏。钝化或刷纹混凝土具备高耐受性，并且具有防滑纹理，常应用于室外，但也同样适合这个区域。不过在进行表面加工时，还是应避免纹路过于明显，以便获得较为温润的表面。清洁时可使用擦地刷、水、肥皂或温和的家用清洁剂。

搭盖新楼梯时，使用超高性能纤维混凝土能够打造纤薄中空的台阶，而且其比起普通混凝土更为轻盈耐用。

如果原本就有楼梯，可以利用整体预染色超高性能灰泥为台阶加上一层细薄新装。这种表面涂装坚固耐用，但是厚度仅有 2~3 毫米，不会大幅改变台阶的高度。

▲这座楼梯的结构以传统混凝土制成，使用白色灰泥重新涂装，再以接近阶梯面的水平照明凸显特色。

▲极致简朴的楼梯采用仿旧色，体现高贵优雅的质感。

这张以混凝土和金属制成的桌子
是整个餐厅的亮点，经打蜡处理
的赭红色地板使自身的存在感更
加强烈。

起居空间

起居空间通常是住宅中面积最大的部分，地面、墙面与家具是决定室内风格的元素，实用且能营造各种氛围的混凝土是最佳选择。选择树脂混凝土可以避免地面的磨损，耐受性高的抛光混凝土能为空间带来明亮气息。不论是使用装饰性墙板，还是使用装饰性灰泥，都能为墙壁轻松打造理想的风格。也可使用混凝土制作家具，不需大动工程，也能成为室内装饰的一大亮点。

设计客厅时选择混凝土这种类型的材料不应该追随潮流，因为客厅通常是居室面积中最大的部分，选择地面装饰材料和墙壁饰面时需要投入大量时间、金钱甚至脑力。

地面

选择混凝土的类型时必须考虑客厅的用途。蜡质混凝土具有最佳的审美效果，但是如果客厅通向阳台或花园，鞋底则会将石砾、砂子或泥土带进屋内，所以最好选择较能抵御磨蚀的树脂混凝土。耐受性高的抛光混凝土可以营造明亮的氛围，并通过包埋的不同骨料为居室增添色彩。

所有表面都应进行填孔处理，然后上蜡或上漆，这样既可预防脏污又便于清洁（使用水和肥皂或者温和的家用清洁剂）。

超过 25 平方米的地面必须设置膨胀接缝，可以通过设置方向（例如呈对角线斜放）、材质（利用木头营造置身自然的感觉，或以黄铜设计出时尚新潮的平面图案）、颜色等进行设计创造。

可以像地砖一样，将预制地板铺设在平坦的支撑层上作为饰面，这样既能让其更坚固，又能让其保持洁净。预制地板具备各式各样的饰面和缤纷多彩的颜色，有利于加快施工进度并保持工地清洁。接缝的运用还可凸显创意十足的纹路。

极尽天然的沙黄色平滑混
凝土所散发的柔和质感，
将访客从玄关一路"引导"
到客厅。

墙壁

可以考虑使用装饰性墙板，它们能够迅速地覆盖原有的墙壁。

在墙壁上涂一层2~3毫米的薄灰泥是较为便捷的作业方式，可以通过浅淡或鲜艳的颜色来营造理想的空间氛围。

在工作室定制的护墙板虽然价格昂贵，但是能够很好地表现出矿物质感。

可以为地面和墙面的混凝土刷上油漆或特殊木漆，或利用镂空模板打造个性化装饰。

壁炉

壁炉的尺寸和色彩是构成客厅的重要元素，必须先与制作壁炉的专业工人共同商定壁炉的宽度、形状、颜色、纹理等。

炉膛和排烟管必须能够耐受高温，因此应选择耐火混凝土进行制作。至于壁炉台、檐壁、侧墙和可能设置的收纳架则可以采取以下做法：

● 选择蜂窝状混凝土（防火、绝缘）来砌筑壁炉，然后像涂抹砂浆那样涂上一层装饰性灰泥。

● 向工作室定制整体预染色的构件（可具有纹理），然后进行组装。

● 请上游供应商制作模板，然后在工地现场将混凝土浇筑于模板中。

混凝土是唯一一种能够用来定制超大尺寸物体的材料。例如，建造一个别出心裁的壁炉时，可以利用混凝土为广大的空间划分出不同的区域。混凝土除了可用于现代建筑之外，也能通过搭配天然材料构筑极简空间。

这座巨大的壁炉以古为师，多功能的炉膛占据极大的空间。庞大的灰色体积与红色的地板相映成趣。

家具

在不想大动工程的情况下，可以考虑使用混凝土制作物件和家具。目前这种类型的产品越来越多，已成为室内装饰的一大亮点，不但可以增添矿物气息，还能保留室内空间的原有风格。

无论是沙发还是矮几、是在商场购买的还是在艺术家的工作室定制的，混凝土家具都能与各种颜色和材质和谐共存。

◀这组桌椅以光滑混凝土制造而成，设计和完工质量全都无懈可击。

以 Alcantara® 人工皮料
制成的软质靠垫为这把宽
大的扶手椅平添了几分柔
和，赋予客厅强烈的个人
色彩。

这些板砖的接缝非常纤细，而且色调一致，几乎肉眼难辨。

厨房空间

从厨房的功能角度出发，所选用的混凝土应具有防水、防油且避免开裂的特性，地面需要承受每日的磨损、飞溅的水沫以及各种不同的油脂和酸性物质，并且防滑、耐用。所有类型的混凝土都具有耐冲击性和耐高温的特点，非常适用于厨房的工作台。墙面选用瓷砖或混凝土墙板都能发挥同样的功用、覆盖相同的面积，并在颜色、纹理和线条方面与地面建立一致性。开放式空间的厨房日渐流行，同时也需要兼顾外形的美观。

不论是与客厅相连且兼具餐厅功能的开放式厨房，还是与其他空间隔开的独立厨房，无论面积大小，无论我们在这里进行什么活动，厨房都是一个技术性空间，因为准备食材时必然会用到一些特定的设备、水和具有一定侵蚀性的产品。

此外，现代厨房越来越像合家欢乐的共享空间，最好能够配置一些耐受性高的材料与具有美丽外观的产品。

地面

由于这个区域的使用率很高，因此，地面必须能够承受每日的磨损、飞溅的水沫以及各种不同的油脂和酸性物质……如同所有可能遭受此类技术性麻烦的区域一样，强烈建议雇请制作混凝土地面的专业工人进行施工，以便确保成品合乎要求并持久耐用。以下是需要注意的几个重点：

●对地面的结构及其收尾工程都应进行密封防渗处理。浇置的地面必须使用在制作过程中就已做好防水的混凝土，如果可能的话，最好采用纤维混凝土，借此避免出现裂缝并预防渗水。

●抛光混凝土遇水会变得光滑，所以应尽量避免沾水。最好使用已经过防水拒油处理的平滑混凝土，并且涂上聚丙烯蜡或哑光清漆作为防护，让美感与舒适兼容共存。如果想让纹理效果更加明显（例如钝化混凝土或刷纹混凝土），切忌纹理过深，以便于日后清理，而且还可以避免藏污纳垢。

●使用混凝土板砖时，应选择防水与防滑类型。嵌缝的使用能够避免板砖之间出现裂痕，采用完全一致的色调或运用不同的色调来凸显接缝可以营造出低调含蓄的视觉效果。

●从这些限制条件的另一方面来看，可将其作为创造美感的起点，根据不同的区域运用不同的颜色对其进行不同的处理。例如，在中岛周围规划出一块便于走动的空间，或是在餐桌下面创作一张永久性的"地毯"。

中岛的工作台、洗碗槽和沥水槽
以一体成型的方式浇铸而成，深
色的色调与活力四射的红色地板
形成鲜明的对比。

将混凝土工作台延伸为用餐的桌子，对于开放性厨房来说，是兼具实用性与美感的解决方案。

工作台

第 114 页提到的关于地面的所有要点都适用于工作台。就实用的层面而言，所有混凝土都能耐受冲击和高温。但是，唯一不同于地面的是抛光混凝土完全适用于工作台。这种材质能够在视觉与触觉两方面提供宜人的舒适感，并弥补洗涤设备和电器用品带来的冰冷感。不论采用哪种类型的表面处理，混凝土都必须预先进行防水和拒油处理。增加一层表面涂料（清漆或聚丙烯蜡）能够加强防护，并利于清洁工作的开展。

假设工作台的外形简单（例如方形）、尺寸适中（65 厘米 × 100 厘米），就能由经验丰富的人士自行施工。如果工作台包括洗碗槽和沥水架，而且尺寸必须完全契合墙壁的长度，那么最好雇请专业工人来施工。

为了确保大尺寸工作台具有抗弯曲的特性，必须使用钢筋或承重的侧壁（能承受体积和重量庞大的家电用品）。或是使用超高性能纤维混凝土建造纤薄的超长形工作台，这样就可以不使用侧壁和钢筋。

如果洗碗槽不是预先制作的安装型产品，就必须提前制作模具，做出具有洗涤槽和沥水架的单一构件。模具的尺寸和外形必须非常精确，由专业的泥水匠制作。施工的总时间会因施工的地点而异（在现场施工，或者先在工作室准备好再于现场组装）。

预留硅胶接缝以确保密封防渗，并避免不同平面（工作台 / 墙壁）、材质（混凝土 / 不锈钢）与设备之间发生膨胀。可以将这种富有弹性的材质染成和混凝土相同的颜色。

厨房的工作台和地面的制作以
防水混凝土为材料，并与金属
天花板相互呼应，凸显这个空
间的工业风美学。

在这间房间里，混凝土料理台与洗碗槽的颜色和料理台墙面的颜色表现出强烈的吸睛视觉效果。

料理台墙面

经过防水和拒油处理后，就可将混凝土板砖做成料理台墙面。先以黏着剂固定，再像砌筑瓷砖那样对其进行抹缝。

在色彩上，料理台墙面能够与地面相互呼应，并让料理台的色调产生延续感，创造和谐的整体空间。也可以利用颜色的对比制造惊喜的效果，例如，在灰蓝色调的厨房中用红色调凸显烹调区的功能区域。

墙壁

厨房装修时通常会采用瓷砖这种饰面材料，而混凝土墙板（板砖）也能发挥同样的功能、覆盖相同的面积，并在颜色、纹理和线条方面与地面建立一致性。每个空间里最好只在一面墙上使用混凝土壁板，以免造成压迫感。

也可以采用更具现代气息的装饰形式，在整间厨房涂上防水灰泥作为完工饰面，最后刷上清漆作为保护层。如果涂抹灰泥的区域临近烹调区和洗涤区，则应选择超高性能（UHP）灰泥产品，以免留下恼人的喷溅脏污。

目前仍然是一些专业人士在使用这些产品，但人们也能在大型建材市场进行购买。这些产品具有适用于潮湿空间的所有优点，涂上黏着剂后，几乎能被固定在所有表面，最后进行上漆处理。不论是用于新建筑，还是旧屋翻修，都能利用这些灰泥对受损不严重的墙面、老旧的瓷砖、料理台、洗碗槽甚至家具的表面进行修补，让厨房焕然一新。

如果非专业人士想要进行大面积作业，或是处理比较重要的区域（例如直接与水接触的空间），必须接受严格的培训。

将大型洗手台的侧壁尺寸尽量地缩小，以便创造最大的收纳空间。

浴室空间

对于忙碌的现代人而言，浴室不仅具有清洁身体的功能，也是一个洗涤心灵、放松心情的空间。浴室作为私密空间，对所选用的材料具有一定的要求，这些材料必须拥有防水、耐潮湿的特性，可运用于任何不同的装饰风格（新潮、禅意、巴洛克、乡村风、时尚、波希米亚……）。使用经过防水处理的传统混凝土或者超高性能纤维混凝土都能确保完工品质，且让清洁和保养工作更为简单。混凝土也可以用来覆盖较为老旧的基材，让略显破败的装饰重获新生，例如对老旧的地砖、盥洗台和浴缸等进行翻修处理，这样可以避免拆除和安装作业的不便。

不论面积大小，浴室和淋浴间都兼具洗浴和放松身心的功能。无论是在制作过程中预先经过整体防水处理的传统混凝土，还是功能强大的无孔隙超高性能纤维混凝土（BFUHP），这种材料都能确保高质量的装饰效果，又能让特殊区域的清洁和保养工作轻松省力。

超高性能纤维灰泥（FUHP）扮演着越来越重要的角色。如果结构（侧壁、隔板、盥洗台）以传统混凝土、蜂窝状混凝土或其他轻混凝土制作，通常会再涂上一层灰泥，以确保在潮湿空间能够密封防渗并具有美观性。超高性能纤维灰泥质地平滑，可以将其多次染色，是适合营造各种氛围的理想材料。

在新浴室的基材上涂抹附着层（底漆、白胶等）之后，就可以使用这种材料，从天花板一直涂装到地面，不会产生任何接缝或断层，因此，在淋浴池和隔墙、陶瓷洗手盆和支撑座之间不再出现界线。使用蜡质灰泥（务必上漆）则能获得柔和的视觉效果和温润的触觉感受。

超高性能纤维灰泥也可以用来覆盖较为老旧的基材，让略显破败的装饰重获新生。若要为老旧的地砖甚至盥洗台和浴缸换上新衣，只需以交叉方式涂上数层就能完工，免去拆除和安装作业的不便。

在此必须再次申明，业余者必须经过严谨的培训后，才能自己动手制作这些与水直接接触的表面。同样地，如果雇请专业工人，其最好也接受过此类新材料及其应用的培训。

▼创造空间的迷你浴室，不仅颇具独创性，而且从颜色到制作都是量身打造的。

▲地面、地台、浴缸饰面和置物架全部采用浅色防水混凝土，看似运用的是一体成型的手法。

温润的蜡质混凝土从走道一直覆盖到卧室的地面，同时被涂抹到墙面上，形成一个充当床头柜的搁架。

卧室空间

一般认为若在卧室中使用混凝土，会给空间造成压迫感，所以混凝土这种材料较少用于卧室。而由于混凝土的极强的可塑性，使其能够融入各种装饰风格，可以通过染色或嵌入不同材质，或者以印制、压制的方式模仿任何纹理来营造舒适的视觉效果。若在卧室的整个空间使用混凝土显得沉重，则可考虑仅在局部表面进行装饰处理。

丝光混凝土床头板摆设了几
个烛台，打造出洋溢着亲密
氛围的简洁壁框。

在以蜡质混凝土、树脂混凝土或树脂灰泥制作的地面上赤脚行走时会十分舒适，所以可以让孩子在地上玩耍，不会受伤也不会磨损衣物。相对而言，树脂混凝土的抗磨蚀性更佳，非常适用于一楼的卧室（与花园同层）。

如果想要翻新二楼以上的卧室，在地面上涂抹薄薄的一层性能强大的灰泥是理想的解决方案，既不会增加额外重量，也不会减少天花板下方的高度，更不必刨修门板底部。

将颜料撒在混凝土表面或是预混在整体混凝土中，就能创造振奋精神或平静心灵的和谐色调，之后可以再通过油漆或壁纸的变化进行调整。

"全混凝土"会让人感到沉重，这在卧室里表现得尤为明显，所以最好将混凝土施用于局部表面（例如地面、单一墙面），或是用由混凝土制作而成的家具或配件稍做点缀。将混凝土运用在墙壁时，可以通过墙板的矿物材料所呈现的颜色、纹理和图案来营造独特的氛围。例如，通过活版印刷图案表现现代感，或是借助稍微老旧的颜色与重新诠释的古典图案创造迷人韵味。

如果这样的工程对你来说还是太沉重，可以运用混凝土元素来实现预期的装饰效果。利用混凝土制作创意作品，比如小家具、灯具或美丽的物件，它们在具有实用功能的同时，还能让卧室充满独特的创意。

体积庞大的花盆以经过防水和防
冻裂处理的轻混凝土制作而成，搬
运起来轻松省力。

户外空间

庭院或露台作为住宅的延伸，人们对其关注度日益增加，并投入越来越多的心力，比如设置游泳池、铺设地板、摆放家具等。若选择使用混凝土，施工时，事先就应做好防渗漏、防霉、防冻裂等处理，在以后的日常清洁工作中就能事半功倍。目前在许多DIY商店也能买到混凝土的预制构件，选择范围较为广泛，如户外家具、花盆、踏脚石、围篱套件等。

人们越来越倾向于将阳台或露台看作住宅的延伸部分，并在该空间中摆上家具，利用绿植装点绿意，以便加强隐私性并遮蔽邻居的视线。不论在都市还是乡村，花园的主人都会界定出自家房产的界线（隔墙、篱笆等），安排出入口（私用小径、道路、平台或阶梯），打造休闲空间（露台、户外家具、游泳池畔）。

混凝土通常能为这些应用提供理想的解决方案，可以量身定制或在商店即买即用。

二楼以上的露台和阳台

二楼以上的阳台结构不能承受过度的重量，而且必须经过严谨的密封防渗处理。只有考虑上述限制条件，从而选择布置方式，才能表现出矿物质感的装饰效果。最好使用对地面影响较小的多功能物件，并选择可以轻松搬移的尺寸。为了不添加额外重量，可选择便于搬移的轻质家具，同时还可以随意变换其布局形式。

选择防冻裂与经过防霉处理的混凝土来制作墙壁或地板饰面、家具、花盆与镂空隔板，能免除保养这种累人的苦差。

若不想采用大规模的施工方式，又想取得比浇置混凝土更加干净、快速的效果，可以找专业工人用漂亮的灰泥翻新墙壁。请注意，如果要翻修外墙表面，务必先咨询相关管理部门，这可能有其必要性。

可以根据纤维强化混凝土板之类的轻巧墙壁饰面的性质，使用挂钩或螺丝钉固定在事先安装的金属或木头结构上。有些特殊预制构件集众多优点于一身，例如，具有纹理的大片地砖能够防滑，而且兼具纹路的装饰效果。在墙壁或地面使用防脏混凝土制成的板砖，不但可以减少表面保养费用，还可创造隔离层。

Ceracem®类型的薄板非常致密，任何东西都无法牢固附着于它的表面，霉菌或涂鸦很容易就能用水洗除，费时较少、价格便宜，但有些污染源需要采用一些特殊的处理方式（杀真菌剂、酸洗液、溶剂、喷砂等）。在铺设地面砖板之前，需雇请专业工人对地面进行密封防渗处理。

▲这片直线形镂空板与花槽结合，可以作为绿篱之用，对于小空间来说是一个充满诗情画意的理想解决方案。

▲新式混凝土的强大性能让地面或墙板在纹理上大做文章，既具有防滑效能，又可呈现出极致精炼的美感。

朴素的游泳池就像安置在草坪上的一方水池，极简的样式让它散发出宁静宜人的气息。

花园

切勿在花园中采用大规模的混凝土设计，可以用混凝土这种材料稍作点缀，发挥其持久耐用的优点。越来越多的DIY品牌开始推广各种预制构件，如家具、踏脚石、围篱套件、花纹地砖、用于墙壁和矮墙的各种装饰等，所以一些业余爱好者很容易购买上述产品，并利用混凝土包罗万象的质地和色彩，打造出室内空间的主要装饰风格。

游泳池和水池

用混凝土制作水池和游泳池这类大型结构物件的同时，可以运用新颖的轮廓、纹理和颜色创造出独具巧思、有别于传统样式的创意作品。必须雇请业有所精的专业工人对游泳池进行施工，并依照成品的用途和外观选择混凝土种类。因此，务必和专业工人商量，并决定最终的样式和完工饰面。

天台的红色混凝土和用蓝色石头砌成的区域在色彩和质地上形成强烈的对比，夏日里的大雨让这种反差表现得更加鲜明。

137

第四章
未来的混凝土

▲包覆在混凝土中的光纤表现出不可思议的半透光效果，可
能是未来墙面装饰的发展趋势。

随着科技日新月异的发展，混凝土拥有越来越多的特性与功能，甚至具有传送光线、声音和影像的能力，例如可将光纤置于半透光混凝土、混合玻璃微粒或小玻璃球的闪亮混凝土、能够自动清洁的混凝土、可呈现照片图案的光雕混凝土等。新型混凝土拥有创造出全新美学的可能。

1908 年 8 月，托马斯·爱迪生（Thomos Edison）提出专利申请，专利授权客体为一系列以混凝土浇筑而成的房屋。不论是结构、装饰的材料运用上，还是家具的成品制作上，这些精美绝伦的前卫作品都采用的是混凝土材质。

"所有构件如墙壁、屋顶、隔墙、浴缸、楼板等形成一个整体。楼梯、壁炉、天花板、饰件和室内装饰出自相同模板，都是房屋不可分割的一部分。"
——《爱迪生：1847—1931 年，前进未来的艺术家》（Edison: 1847-1931, L'atisan de L'avenir, Ronald-William Clark, 1986 ）

未来的混凝土将拥有越来越多的特性和功能，例如抗污染、柔韧性、100% 环保，或具有传送光线、声音和影像的特性。虽然有些类似的产品已经存在，但是仍处于实验阶段或者产量有限。这些发明都将为人们展现出崭新的美学和效能。

半透光混凝土

即使混凝土的厚度再薄，从定义上来说仍然属于不透光物质。但是，透光性混凝土（LighUransparentConcrete, LiTraCon）这种新式产品将会改变这个"确凿"的事实。这种混凝土砖由匈牙利的年轻建筑师阿伦·洛斯孔克济（Aron Losconczi）研发，能够透过包埋在其中的光纤传送光线。具体的操作是将光纤沿着混凝土的宽边垂直放置，然后齐平切掉每个砖块的前后表面，使自然光或人造光能够穿透这个20厘米厚的模块（仍处于实验阶段）。

光纤除了能够传输光线之外，还能映照出混凝土另一侧放置的光亮物体，再现其轮廓和颜色。小直径光纤不会改变混凝土的特质，因此仍可将其作为建材使用。透光性混凝土轻巧与纤薄的特质能够展现出惊人的美艳，并让人浮想联翩，重新审视这种材料的美妙之处。透光性混凝土的研发者表示这种材料已经准备量产，然而目前已经出现采用同样概念的竞争产品，例如美国制造的"Pixel Panels"。

这类混凝土的特质让人得以发挥天马行空的想象力，例如在缺乏自然光的地方（地下室或其他没有窗户的空间）营造环境光、创造与自然光相映射的光线以及入夜后散发人造光的建筑物、包埋利用光纤供电的太阳能微系统，都能将光线引导到表面，以改变纤维的颜色并创造不同的视觉效果……

◀通过包埋在混凝土中的光纤，可以映照出混凝土另一侧的物体，并显现出物体的轮廓与颜色。

闪亮混凝土

闪亮混凝土具有两种类型。第一种是镜面微粒——混凝土中混合沥青和玻璃，可用来铺设路面，让道路闪耀光彩，进而提高驾驶人的警觉性。它与自然光和人造光都能相互辉映，也可以根据具体要求加以染色，以便和翻新的古迹巧妙融合。第二种则是表面具有折射光线的小玻璃珠，例如 B-Ton Design 开发的 Bton Scintillant ®，可以改变珠子的大小以及混凝土整体预染的颜色，应用于地板和墙壁的饰面或是在物品和家具上大放异彩。

▲ 这块亮丽的混凝土闪耀着金色光泽，创造出绚丽的效果。

发光光纤和普通光纤

我们必须区分发光光纤与普通光纤的用途，前者能够将人造光传输到混凝土表面，后者则可以将任何光线传遍混凝土，使混凝土整体产生半透光的视觉效果。简言之，发光光纤属于微光，普通光纤则是在混凝土中开了许多微窗口，能够创造出令人目眩神迷的效果。

光雕混凝土

工业化批量生产的光雕混凝土可以用来制作装饰性墙板，具体做法是以点阵图的形式表现参考图案。图案通过"钝化"墨水网印在塑胶片上，与混凝土接触后部分图案会轻微地侵蚀到混凝土表面。接着将塑胶片放入模具中并浇置混凝土，脱模之后再用高压水冲洗混凝土，去除钝化成分让图案显现出来。最后的成品通常会呈现出对比强烈的图案，并且拥有一些浮雕的立体感。

有些模具制造商在提供定制图案的方案时，通常是先在工作室制作，再于工地现场进行组装铺设。

对于光雕混凝土饰板的尺寸应用，可将一个图案分割成数块基材，扩大可使用范围。例如，被分散的成品让屋内的隔板、外墙和户外的隔墙充满富有戏剧性的布景效果。

感光混凝土

感光混凝土的问世归功于玛丽·弗朗索瓦·鲁伊（Marie-Françoise Rouy），她运用此种技术原理制作出独一无二的基础材料，并赋予其充满诗意的符号，如书法的线条、乐曲的五线谱或者树叶枝蔓等。可将感光混凝土应用于家具和珠宝，采用古老的银版摄影法，在暗房中对混凝土表面的图案进行曝光，这样既能显现出混凝土光滑的特性，又能真实地重现原始照片中的物品清晰度、不同层次的模糊效果以及微妙的色调变化。在操作方面，这种基材具有局限性，尺寸也因而较为受限，但能将图案完美地呈现出来。这种技术可以应用在更大的面积上，像拼图那样将几块水泥板组合起来，例如饰板或装饰性墙面。

▲书法、枝叶、动物图案这些充满诗意的设计元素能够让人整天都沉浸在惬意的环境中。

实用且具有装饰性的暖气片

"Heatwave"暖气片中的热水在聚合性混凝土包埋的弹性水管中循环流动，这种聚合性混凝土为供暖系统带来一场美学革命。由于混凝土的矿物成分通过树脂黏结在一起，能够长时间释放积聚的热能，所以这种材料通常应用于雕塑。暖气片的外形有如藤蔓，只要重复地将相同的暖气片进行连接，就能轻松地扩大散热面积，宛如美丽的浮雕檐壁。

新潮装饰

"008 模组"是一种超高性能的纤维混凝土板砖，在不久的将来，公共与私人空间的地面或许都会使用这种材料。在设计师克里斯汀·乐亭（Christelle Le Dean）的努力下，模型即将问世。他选择使用 Ductal ®来确保材料的纤薄度（厚度仅有 2.5 ~ 3 厘米）和耐抗性。这种略微隆起的板件尺寸长为 45 厘米、宽为 18 厘米，针对特定的应用或许可以做成超大尺寸或迷你尺寸。这种混凝土比较容易上色，颜色的选择范围较广，可以用来制作单色面或多色面。

自清洁或抗污染混凝土

自清洁混凝土利用二氧化钛能加速太阳光的紫外线和氧气对有机物形成的脏污（灰尘、植物性挥发物质、发霉等）的氧化降解，使降解物能被雨水冲刷洗净。自 1980 年起，这种技术就被应用于汽车玻璃和建筑物窗户领域，Ciments Clacia 公司在自清洁混凝土的制作过程中使用该技术，并将其应用于多个有名的项目中，通过实证考验，目前已逐渐得到普及。不久之后，艺术家也会使用此类混凝土进行灵感创作。

▲《Heatwave》的花朵状外形使
其成为精美雅致的装饰元素。

▲《008 模组》的圆弧轮廓可以让板件
彼此嵌合。

不仅如此，这家公司还在研发抗污染混凝土，用这种材料做成墙壁饰面和户外地板，用于消除空气中的部分有毒气体，成效尚待证实。目前在意大利有几个应用案例，还有一些工程正在法国的旺沃（Vanves）开展。期待室内专用抗污染灰泥能够早日问世，但在引颈期盼期间，只能依靠自己的双手让墙壁保持整洁。

变色混凝土

皇家艺术学院（Royal Collge of Art）设计系精心研发出一种名叫"Chromos Chronos"的混凝土，由于其内含感温颜料和内建电网，因而会随着温度的变化产生反应。除了在一些特殊应用中"见证"温度的变化之外，这种混凝土最大的盈利潜力是利用传导系统在混凝土表面呈现图案或影像。在不久的将来，混凝土或许会成为新时代的多媒体荧幕。

极简风设计

为了证明混凝土这种材料具有激发创作灵感的特性，下面的几个由全球创作者构思设计的精致物品就是最佳的证据。目前，有些混凝土作品只供欣赏而不能购买，至少在法国是如此。在这些用混凝土进行艺术创作的设计师中，不论是已获肯定的艺术家还是学生，都将注意力集中在混凝土的建筑功效上，并将其制作成实用与美感兼备的简洁物件，创作出介于艺术品和日常用品之间的物品。

▲ "Myroir" 浅口盆和鸟巢箱都表现出混凝土材料纤薄与轻巧的特性。

●玛莉·加米耶（Marie Gamier）使用超高性能纤维混凝土制作而成的"Myroir 浅口盆"，展现出混凝土纤薄细腻、色彩缤纷的特性。将大小不同的尺寸组合之后能够产生光影变化，就如布置于花园中的雕塑一样。

●弗拉迪米尔·雅卡贺（Vladimir Jaccard）的鸟巢箱以较适合户外的纤维水泥制成（轻盈、抗风雨、抗低温、防霉、抗真菌），采用"箱状"的设计构想，通过无比简洁的极简外形（两片弯曲的板件彼此交叠，再用一条细绳将其吊起）实现其功能，鲜活地呈现出未来创作的风貌。

●"Chry0706"花瓶出自玛蒂德·佩妮修（Mathilde Penichaud）之手，以感性的方式融合了两种粗犷工业风的材料——混凝土与钢铁。将延展的金属在朴质无华的矿物表面缠绕出一道道光彩流溢的条纹，让花瓶呈现出鲜活的律动状态，而且使用超高性能混凝土制作而成的作品不易碎裂。

第五章　实践手册

雇请专业工人

可以自己动手的项目

雇请专业工人

术业有专攻

混凝土的性能和外观会因配比的成分和外表装饰的效果而异。骨料、助剂、其他添加成分、颜料、表面处理均取决于混凝土所要扮演的角色，比如将混凝土用于兴建结构或者收尾工程时，在施工前必须了解所有资料。

在选择混凝土和砂浆之前，最好先咨询专业工人，他们会推荐使用某类混凝土，评估有待完成的工作，并拟列预算表。这样就能在最佳的条件下使用最佳材料，参照产品的使用说明进行施工，确保优质的施工质量。

目前，彩色混凝土在建材市场上随处可见。在使用这种材料之前，同样也需雇请专业工人对所要涂装的表面提供建议、进行评估，并针对基材的质量和形式预先发现技术上的难点。有些工人还会准备样品，以确保完工成品的预期效果。

增值税和保险

别忘了，雇请专业工人只需支付整体费用——材料费与人工费，如果选择自行施工，施工价格则会暴涨。此外，应该在装修时选择性地缴纳损害险，可以针对施工期间发生的缺陷和损害提供 10 年保障。（一切以实际情况为准）

选择专业工人（例如制作混凝土地板的工人）时可参考专业人士网络。某些DIY 品牌的官网或专业网站会提供与某种材料相关的公司清单或专精于该材料的设计师名单。

可以自己动手的项目

人人都可以参与的培训

目前，即买即用型的地板、墙壁饰面、表面处理品、完工涂装产品等材料在 DIY 大卖场都能轻易买到，但要自行施工还是有些棘手。幸运的是越来越多的培训类书籍和课程可供业余人士自行学习。

参与制造商或设计工作室的实操课程学习比较保险，因为他们除了贩售自家产品之外，还会请专业施工团队对这些产品进行施工。专家会对产品的成分、应用、耐用性及其演化过程等进行详细的讲解与指导，还有可能会展示一些其他的作品，然后详细介绍样品并提供你所需要的产品信息，以便让你在符合施工规范的条件下自行施工。

特殊材料

非专业人士可在租赁公司或商品出售公司取得专业材料，一些工具的功用如其名称所示，专门应用于混凝土，可以将材料用于地板、墙壁、角落或天花板。

然而，并不是所有这类产品都会出现在常见的商品清单上，有些产品可能仅限于技巧纯熟并能严格遵守使用说明的 DIY 者使用，所以最好审慎评估自己的能力、预算和时间，以确定是否能够自行施工，不然就只能雇请专业工人。请谨记一点：混凝土是一种较难调配与施工的特殊材料，比起铺地毯、铺瓷砖、油漆墙壁或贴壁纸更需要精巧的手艺和更为复杂的程序。

特别感谢

谨以此书献给我的父母……

作者与摄影师诚挚地感谢所有敞开家门欢迎我们的亲切屋主，以及给予指导和协助的专业人士。

由衷地感谢我的编辑 Agnès busière 兢兢业业、全身心的投入与付出。

感谢 Véronique Launay 与 Éric Thierry 的迅速回应与积极热情。在此特别感谢 Jean-Marc Duval 和 Sandra Goussard。也要感谢 Margaux 和 Sacha。

——伊莎贝尔（Isabelle）

感谢 Isabelle Bonte、Véronique Launay 和 Sandra Thierry 高效率的无间合作。同样也向 Alexia Battistin 和 Catherine Alcocer de Cimbéton 致以谢意。

——埃里克（Éric）

照片授权

除下列已获友善授权的作品外，所有照片均属
Éric Thierry：

ARIANE BERGER/ ATELIER MARTIN BERGER

LA（B）ÉTONNERIE

CAREA、MODÈLE PAPYRUS、MODÈLE

TAIGA、CAREA/JAMES&TAYLOR

ENOGA

STUDIO BERGOEND/ESCALIERS DÉCORS

FORMSQUARE

MARIE GARNIER

CHRISTELLE LE DÉANDESIGN

LITRACON

LUSITANE

MATIÈRES MARIUSAURENTI

MOSAÏC DEL SUR

SABZ/VLADIMIR JACCARD

THE RADIATORFACTORY/HEATWAVE

PHILIPPE TISSOT/GALERIETAPORO

WESER

特别加注：

ÉRIC THIERRY/AC MATIÈRES

ÉRIC THIERRY/ASCET

ÉRIC THIERRY/AURENTIS

ÉRIC THIERRY/B-TON DESIGN

ÉRIC THIERRY/MARIE CHATELIER

ÉRIC THIERRY/LA COMPAGNIE DES ARTS

ÉRIC THIERRY/GÉRARD FAIVRE

ÉRIC THIERRY/LAGRANGE/B-TON DESIGN

ÉRIC THIERRY/DAVID MARY

ÉRIC THIERRY/MAS DE SO

ÉRIC THIERRY/MATIERÈS À SUIVRE

ÉRIC THIERRY/MERCADIER

ÉRIC THIERRY/MON BEAU BÉTON/
CIMBÉTON

ÉRIC THIERRY/MAISON OLLIOULES

ÉRIC THIERRY/PASSANITI

ÉRIC THIERRY/PASSANITI/DELACHARIER

ÉRIC THIERRY/PODOVANI

ÉRIC THIERRY/MARIE-FRANÇOISE ROUY

ÉRIC THIERRY/ROXIPAN

ÉRIC THIERRY/SABARTHÉS

ÉRIC THIERRY/SABZ

ÉRIC THIERRY/TOLERo

诚挚感谢 Clement Mommaels 与 Éric thierry
提供珍贵和热情的帮助。

图书在版编目（CIP）数据

好想住工业风的家 ：清水混凝土的使用与搭配 /
（法）伊莎贝尔·邦泰著 ；陈阳译. -- 南京 ：江苏凤凰
科学技术出版社，2018.5
ISBN 978-7-5537-9093-0

Ⅰ．①好… Ⅱ．①伊… ②陈… Ⅲ．①室内装饰设计
Ⅳ．①TU238.2

中国版本图书馆CIP数据核字(2018)第052672号

Béton et déoration
© Fleurus, Paris – 2009
Simplified Chinese translation rights arranged through The Grayhawk Agency

好想住工业风的家 清水混凝土的使用与搭配

著　　　者	[法] 伊莎贝尔·邦泰
译　　　者	陈　阳
项 目 策 划	凤凰空间/单　爽
责 任 编 辑	刘屹立　赵　研
特 约 编 辑	单　爽
出 版 发 行	江苏凤凰科学技术出版社
出版社地址	南京市湖南路1号A楼，邮编：210009
出版社网址	http://www.pspress.cn
总 经 销	天津凤凰空间文化传媒有限公司
总经销网址	http://www.ifengspace.cn
印　　　刷	北京博海升彩色印刷有限公司
开　　　本	710 mm×1000 mm　1 / 16
印　　　张	9.75
字　　　数	80 000
版　　　次	2018年5月第1版
印　　　次	2018年5月第1次印刷
标 准 书 号	ISBN 978-7-5537-9093-0
定　　　价	59.80元

图书如有印装质量问题，可随时向销售部调换（电话：022-87893668）。